中华烹饪古籍经典藏书

[元] 韩　奕
[清] 李化楠　撰

中国商业出版社

图书在版编目（CIP）数据

易牙遗意 / (元) 韩奕撰 . 醒园录 / (清) 李化楠撰 .
- 北京 : 中国商业出版社 , 2021.1
ISBN 978-7-5208-1308-2

Ⅰ . ①易… ②醒… Ⅱ . ①韩… ②李… Ⅲ . ①烹饪—
中国—古代 Ⅳ . ① TS972.1

中国版本图书馆 CIP 数据核字 (2020) 第 206001 号

责任编辑：包晓嫱　常　松

中国商业出版社出版发行
010-63180647 www.c-cbook.com
（100053 北京广安门内报国寺 1 号）
新华书店经销
唐山嘉德印刷有限公司印刷
*
710 毫米 ×1000 毫米　16 开　14.25 印张　130 千字
2021 年 1 月第 1 版　2021 年 1 月第 1 次印刷
定价：59.00 元
* * * *
（如有印装质量问题可更换）

《中华烹饪古籍经典藏书》
指导委员会
（排名不分先后）

名誉主任

姜俊贤　魏稳虎

主　任

张新壮

副主任

冯恩援　黄维兵　周晓燕　杨铭铎　许菊云

高炳义　李士靖　邱庞同　赵　珩

委　员

姚伟钧　杜　莉　王义均　艾广富　周继祥

赵仁良　王志强　焦明耀　屈　浩　张立华

二　毛

《易牙遗意·醒园录》
编辑委员会

（排名不分先后）

《中国烹饪古籍丛刊》出版说明

国务院一九八一年十二月十日发出的《有关恢复古籍整理出版规划小组的通知》中指出：古籍整理出版工作“对中华民族文化的继承和发扬，对青年进行传统文化教育，有极大的重要性。”根据这一精神，我们着手整理出版这部丛刊。

我国的烹饪技术，是一份至为珍贵的文化遗产。历代古籍中有大量饮食烹饪方面的著述，春秋战国以来，有名的食单、食谱、食经、食疗经方、饮食史录、饮食掌故等著述不下百种；散见于各种丛书、类书及名家诗文集的材料，更加不胜枚举。为此，发掘、整理、取其精华，运用现代科学加以总结提高，使之更好地为人民生活服务，是很有意义的。

为了方便读者阅读，我们对原书加了一些注释，并把部分文言文译成现代汉语。这些古籍难免杂有不符合现代科学的东西，但是为尽量保持其原貌原意，译注时基本上未加改动；有的地方作了必要的说明。希望读者本着“取其精华，去其糟粕”的精神用以参考。编者水平有限，错误之处，请读者随时指正，以便修订。

中国商业出版社

出版说明

20世纪80年代初，我社根据国务院《关于恢复古籍整理出版规划小组的通知》精神，组织了当时全国优秀的专家学者，整理出版了《中国烹饪古籍丛刊》。这一丛刊出版工作陆续进行了12年，先后整理、出版了36册，包括一本《中国烹饪文献提要》。这一丛刊奠定了我社中华烹饪古籍出版工作的基础，为烹饪古籍出版解决了工作思路、选题范围、内容标准等一系列根本问题。但是囿于当时条件所限，从纸张、版式、体例上都有很大的改善余地。

党的十九大明确提出："要坚定文化自信，推动社会主义文化繁荣兴盛。推动文化事业和文化产业发展。"中华烹饪文化作为中华优秀传统文化的重要组成部分必须大力加以弘扬和发展。我社作为文化的传播者，就应当坚决响应国家的号召，就应当以传播中华烹饪传统文化为己任，高举起文化自信的大旗。因此，我社经过慎重研究，准备重新系统、全面地梳理中华烹饪古籍，将已经发现的150余种烹饪古籍分40册予以出版，即《中华烹饪古籍经典藏书》。

此套书有所创新，在体例上符合各类读者阅读，除根据前版重新标点、注释之外，增添了白话翻译，增加了厨界大师、名师点评，增设了“烹坛新语林”，附录各类中国烹饪文化爱好者的心得、见解。对古籍中与烹饪文化关系不十分紧密或可作为另一专业研究的内容，例如制酒、饮茶、药方等进行了调整。古籍由于年代久远，难免有一些不符合现代饮食科学的内容，但是，为最大限度地保持原貌，我们未做改动，希望读者在阅读过程中能够“取其精华、去其糟粕”，加以辨别、区分。

我国的烹饪技术，是一份至为珍贵的文化遗产。历代古籍中留下大量有关饮食、烹饪方面的著述，春秋战国以来，有名的食单、食谱、食经、食疗经方、饮食史录、饮食掌故等著述屡不绝书，散见于诗文之中的材料更是不胜枚举。由于编者水平所限，难免有错讹之处，欢迎大家批评、指正，以便我们在今后的出版工作中加以修订。

中国商业出版社

2019年9月

本书简介

本书由《易牙遗意》《醒园录》两本古籍合编而成。

一、《易牙遗意》

系元明之际的韩奕所撰。原载明周履靖所编的丛书《类门广读》第十九卷。

韩奕为平江(苏州)人，字公望，号蒙斋。生于元文宗时，是韩琦的后裔。其父韩凝精医理，韩奕将其医术继承了下来。入明之后，韩奕遁迹不仕，终于布衣。传说当时的郡守姚善以礼待之，邀请他出来做官，他始终不肯。

《易牙遗意》共二卷，分十二类。其中，上卷为“造类”“脯鱼乍类”“蔬菜类”；下卷为“笼造类”“炉造类”“糕饵类”“汤饼类”“斋食类”“果实类”“诸汤类”“诸茶类”“食药类”。共记载了一百五十多种调料、饮料、糕饼、面点、菜肴、蜜饯、食药的制作方法，内容非常丰富。

周履靖在《易牙遗意》序言中说，他按书中的方法做出的菜“醲不鞔胃，淡不槁舌”。我们觉得，这正是该书所收菜肴的特色之一——浓淡适宜，适应面广；另一个特色即为制作方法简明，有许多菜点，一看便能制作。如“蒸鲥鱼”“炉焙鸡”“带蒸鹅”“酿肚子”“糖蒸茄”“肉油饼”“五香糕”“麻糖”等。

《易牙遗意》的又一个特色是收录了一些比较特殊的菜点的制法，具有重要的史料价值，如“烧饼面枣”，即是将面调和后做成枣子形，在锅中用烧热的“白沙”或“白土”炕熟的；再如“火肉”，实即“火腿”的熏制方法，也是别具特色的。该书第四个特色是把饮食和治病结合起来，共“食药类”共收录了十三种“食药”的制法，也是值得挖掘的。

从内容上看，《易牙遗意》中的不少菜点均是从浦江吴氏的《中馈录》、刘基的《多能鄙事》中转引的，但也有相当数量的菜点为他书所无。此外，其后在高濂所撰的《遵生八笺·饮馔服食笺》中，又转引了不少《易牙遗意》中菜点的品种。

在历史上，对《易牙遗意》的作者存有争议。《四库全书总目提要》中说：“考奕与王、王履齐名，明初为吴中三高士，未必营心刀俎。若此，或好事者伪撰托名于韩奕耶。”而《增订四库简明目录标注》则认为《易牙遗意》为“明黄省曾撰”。但前一说出于估猜，其实，古代“文人高士”编著菜谱的不乏其人，如倪瓒、袁枚等。至于后一说，证据尚不充分。实际上，自明代以来，不少人都认为《易牙遗意》为韩奕所撰。如明代著名文人田汝成辑撰的《西湖游览志馀》第二十四卷“桂浆”一节中，就有“韩公望《易牙遗意》有桂仙汤”的说法。《中国人名大辞典》中“韩奕”词条的解释中也说其著有《易牙遗意》。在尚无充分根据的情况下，对韩奕《易牙遗意》的编著权暂时还不宜否定。

《易牙遗意》据景明刻本《夷门广读》所收《易牙遗意》标点、注释，并对所有内容作了今译，原书中一些文字上的错漏之处，据浦江吴氏《中馈录》等书相互参校了一遍，已在注释中指出。

《易牙遗意》注释曾经金家瑞同志审校。

二、《醒园录》

本书系清代中叶的饮食专著。全书分上、下两卷，记载烹调（三十九种）、酿造（二十四种）、糕点小吃（二十四种）、食品加工（二十五种）、饮料（四种）、食品保藏（五种）等共一百二十一种，内容翔实，记述详细。诸如炮制熊掌、鹿筋、燕窝、鱼翅、鲍鱼等山珍海味之法，加工火腿、酱肉、板鸭、风鸡等之方，无不涉猎。

原书是根据清代四川名人李化楠宦游江浙时搜集的饮食资料手稿，由其子李调元整理编纂而刊印成书的。

李化楠，字廷节，号石亭。乾隆七年（公元1742年）进士，曾任浙江余姚、秀水县令。李调元（公元1734—？年），清代文学家，戏曲理论家。字羹堂、赞庵、鹤洲，号雨村，童山蠢翁，四川绵州人。乾隆二十八年（公元1763年）春，考中进士，授翰林院编修。历任广东学政、直隶通永道等官。

本书是根据重庆市图书馆所藏清嘉庆李氏万卷楼再刻本（乾隆四十七年付梓）标点注释的。原版年久陈旧，字迹残缺，但为保存原书面目，我们只作存疑，未加修改。“跋”作了删节，对误刻之处，作了必要的说明。对书中的难字、难词加了尾注，对全书作了今译。

本书曾经王葡华同志审校。

中国商业出版社

2020年9月

目录

《易牙遗意》

《醒园录》

易牙遗意

〔元〕韩　奕　撰
邱庞同　注释

序

序

自放生戒杀之教盛于六代[①]，人主至日举蔬食。士大夫主料有蟹、蛤自给者。是时《食经》乃多至百余卷[②]。今天下号极靡，三吴[③]尤甚。寻常过从，大小方圆之器，俭者率半百，而《食经》未有闻焉，可怪也。岂古人约[④]于品而详于法[⑤]，今人踈[⑥]于法而侈[⑦]于品与[⑧]？抑品逾繁，则法逾重[⑨]不传与？及观世所传禁中方，醴、醢、蓏[⑩]、菜，靡[⑪]非饴[⑫]

① 六代：即六朝。三国时的吴、东晋；南朝的宋、齐、梁、陈都以建康（吴名业，今江苏南京）为首都，历史上合称六朝，是三世纪初到六世纪末前后三百余年的历史时期的泛称。

② 是时《食经》乃多至百余卷：据《隋书·经籍志》《旧唐书·经籍志》《新唐书·艺文志》记载，六朝时有崔浩、竺暄、诸葛颖、卢仁宗等人编写的《食经》。其中，诸葛颖编的《淮南王食经》达一百三十卷（也有说一百二十卷的）。但这些《食经》早已亡佚。

③ 三吴：古地区名，但具体说法比较多，《水经注》以吴郡、吴兴、会稽为三吴；《通典》等书以吴郡、吴兴、丹阳为三吴；后又有以苏、常、湖三州为三吴；也有以苏州为东吴、润州为中吴、湖州为西吴的。

④ 约：节俭。

⑤ 法：法度。

⑥ 踈（shū）：同“疏”。

⑦ 侈：浪费。

⑧ 与：同“欤”，文言助词，表疑问。

⑨ 重（chóng）：“多”的意思。

⑩ 蓏（luǒ）：草本植物的果实。

⑪ 靡（mí）：无，没有。

⑫ 饴：糖稀。

也。此石[1]家沃釜物[2]耳，岂堪代盐豉耶。善谑者至谓醇酒、蜜物可用讯贼，快哉。独韩氏方为豪家所珍。

予效其书治之，醲[3]不鞔[4]胃，淡不槁舌，出以食客，往往称善。因梓以公。夫世之司刀俎[5]者，且为之解嘲。而谓予不知饕餮氏[6]为永戒乎？夫能为不厌精，不厌细，不得酱不食也者，则口腹岂为尺寸之肤哉！

檇李[7]梅颠道人周履靖[8]撰

【译】自从放生、戒杀的佛教在六朝盛行以来，君主到了斋戒之日全部吃素食。士大夫当中也有用螃蟹、蛤蜊自给的。而当时的《食经》乃至于多到一百多卷。如今天下号称极奢靡，三吴一带尤其厉害。平常的往来，即使节俭的人家也要弄上四五十样肴馔，桌子上堆满了大大小小、方方圆圆的餐具。而这种现象在《食经》上却没有反映，真是怪事。

---

① 石：指“石崇”。

② 沃釜物：洗锅的东西。

③ 醲：通“浓”，厚的意思。

④ 鞔（mèn），通“懑”，腹中闷胀。

⑤ 刀俎（zǔ）：刀和砧板。

⑥ 饕（tāo）餮（tiè）氏：这里指贪食的人。饕餮，传说中一种贪食的恶兽。

⑦ 檇（zuì）李：古地名。又作醉李、就里。在今浙江嘉兴西南，故又为嘉兴之别称。周履靖为嘉兴人，所以用“檇李”来表示自己的籍贯。

⑧ 周履靖：明代嘉兴人。字逸之。好金石，精书法。曾编竹篱，引清流，种梅花、竹子，读书其中。自号“梅颠道人”。编著有《夷门广读》《梅坞贻琼》《梅颠选稿》等。

难道古人对于肴馔的品种比较节俭，而对于饮食的法度考虑得比较周详，今人对饮食法度疏忽，而在肴馔品种上过于浪费吗？抑或是肴馔品种越繁，则饮食法度就越多而难以流传下来吗？等看到世上所传的宫廷中的菜单，甜酒、肉酱、蓏、菜（的调料），无非用的都是糖稀。（糖稀）这是石崇家用来洗锅的东西啊，怎么能够代替盐豉呢？善于开玩笑的人说醇酒、蜜渍食品可以用来审讯小偷，真妙啊。（我曾看过许多菜谱）唯独韩奕的菜谱被豪门之家所重视。

我曾按照他书上的方法做菜，味道浓厚的，使人吃了不会感到腹中闷胀；味道淡的，使人吃了不会感到单调无味。将肴馔端出来请客人们吃，往往会受到好评。因此，我将《易牙遗意》刻印出来公诸于众。对世上从事厨师工作的人，我将为他们解嘲。（这样做）难道说我不知道对贪食的人要永远引以为戒吗？能够像孔子那样做到“食不厌精，脍不厌细”“不得其酱不食”的人，那么吃喝的目的就成为只是为着满足口腹之欲的那一小部分吗？

卷上

醞造类

桃园酒

白曲[1]二十两剉如枣核[2]，水一斗浸之，待发。糯米一斗淘极净，炊作烂饭，摊冷。以四时消息气候[3]投于曲汁中，搅如稠粥。候发，即更投二斗米饭，尝之或不似酒，勿怪。候发，又投二斗米饭，其酒即成矣。如天气稍暖，熟后三五日，瓮头有澄清者，先取饮之，纵令酣酌，亦无伤也。此本武陵桃源中得之，后被《齐民要术》中采掇编录，皆失其妙，此独真本也。今商议[4]以空水浸米尤妙，每造一斗，水煮取一升澄清汁，浸曲俟发。经一日，炊饭候冷，即出瓮中，以曲麦和，还入瓮内，每投皆如此。其第三、第五皆待酒发后经一日投之。五投毕，待发定，讫一二日可压，即大半化为酒。如味硬，即每一斗蒸三升糯米，取大麦蘖曲[5]大匙，白曲末一大分，熟搅和，盛葛布袋中，纳入酒瓮，候甘美即去其袋。凡造酒，北方地寒，即如人气[6]投之，南方地

---

① 曲：酒母。

② 剉（cuò）如枣核：将白曲锉得像枣核一样大。剉，锉的异体字。

③ 以四时消息气候：为看四季的温度、气候之意。

④ 商议：研究。

⑤ 蘖（niè）曲：蘖，酿酒用的酒曲。

⑥ 人气：指和人体温差不多的温度。

暖，即须至冷为佳也。

【译】把白曲锉得像枣核儿一样大小，再用一斗水浸泡，等待发酵。把一斗糯米洗淘得非常干净，蒸成极烂的饭，摊开放到冷却。根据四季的气候、温度变化，投放到浸泡的曲汁里，搅拌得像粥一样黏稠。等到发酵好了，再投二斗米饭进去，这时候尝的味道不像酒，不用奇怪。再发酵，再放二斗饭，这酒就做成了。如果天气稍微暖和，熟了以后，隔上三五天，酒坛内的酒液表面会有清亮的汁，先盛出来喝，即使畅饮，也不会伤害身体。这本来是从武陵桃源得来的方子，后来被《齐民要术》里采用并编录进去，但都失去了最奇妙的地方，我录的这个是唯一的、真正的方法。现在研究用清澈的水泡米发酵更好，每次用一斗米来做，用水煮了取一升清亮的汁液浸泡白曲直到发酵。过一天，做米饭晾凉了，就把坛内浸泡的酒曲取出来，两者相和，再放进坛内，每次都这样办。第三次、第五次放米的时候，要等到前次放的米发酵完了且经过一天再放。一共五次，都放完了，等完全发酵好了，等上一两天或更晚些，坛内多半化成酒。如果觉得味道硬冽，就每斗曲配三升蒸糯米，取大麦酒曲一大勺、白曲末一大份，做熟搅拌，放在葛布袋里，再放进酒坛内，等到味道甜美了再把袋子捞出。北方气候寒冷，做酒要等到天气温度和人体体温差不多了，再开始做；南方天气暖和，最好等到天气渐冷的时候再做。

香雪酒

用糯米一石，先取九斗，淘淋极清无浑脚[①]为度。以桶量米准作数[②]。米与水对充，水宜多一斗以补。米脚浸于缸内后，用一斗米如前淘淋，炊饭埋米上，草盖覆缸口。二十余日候浮，先沥饭壳，次沥起米，控干炊饭，乘热用原浸米水澄去水脚，白曲作小块，二十斤，拌匀米壳，蒸熟，放缸底。如天气热，略出火气[③]，打拌匀后，盖缸口。一周[④]时打头扒[⑤]，打后不用盖。半周时打第二扒。如天气热，须再打出热气，三扒打绝。仍盖缸口，候熟。如要用常法，大抵米要精白，淘淋要清净，扒要打得热气透，则不致败[⑥]耳。

【译】准备一石糯米，先用九斗，洗淘、过淋得非常清澈干净，以没有浑浊的渣滓为标准。用桶量米计数，米和水混合到一起，水最好比米多一斗以做补充。用淘米水把米浸泡到缸内以后，再用一斗米像之前那样淘洗干净，蒸好饭，埋在米上边，拿草盖子覆盖在缸口上。二十多天后，草盖浮起来时，先过滤掉饭壳，再过滤出米，水分控干后再蒸饭。

---

① 浑脚：浑浊的渣滓。脚，渣滓，本条下文“脚”均作此意。

② 作数：为数。

③ 火气：即“热气”。

④ 周：循环，一个周期。

⑤ 打头扒：用木棍翻搅缸内米汁，叫打扒。头，第一次之意。

⑥ 败：指“坏”，变质的意思。

趁热用原来泡米的水淘去渣滓，拿白曲做成小块，二十斤左右，和米壳一起拌均匀，蒸熟，再放到缸底。如果天热，稍微放出点热气，拌均匀后盖上盖子。一个循环以后，第一次用棍子翻搅缸内米汁，搅完不用盖盖儿。过半个循环，再搅第二次。如果天热，要再搅一次，放出热气。需要搅三次，把热气放干净。仍旧盖上缸盖儿，等熟了就可以了。如果要用常规的做法，大体上是米要好、要白，要洗淘、过滤干净，搅拌时要把热气放干净，就不至于腐烂变质了。

碧香酒

糯米一斗，淘淋清净。内将九升浸瓮内，一升炊饭，拌白曲末四两，用篘[①]埋所浸米内，候饭浮捞。蒸九升米饭，拌白曲末十六两，先将浮饭置瓮底，次以浸米饭浸瓮内，以原淘米浆水十斤或二十斤，以纸四、五重密封瓮口，春秋数日，如天寒一月熟。

【译】把一斗糯米淘干净。其中九升浸泡到坛子里，用一升做饭，拌进白曲末四两，用酒笼装好放到浸泡的米里，等饭浮起再捞出来。蒸九升米饭，拌入白曲末十六两，先把浮起的饭放到坛子底下，再把浸泡的米饭泡进坛子里，用原来淘米的水十斤或二十斤，坛子口用四五层纸密封起来，春、秋两季几天就好，如果天气寒冷，就要一个月左右才能熟。

---

① 篘（chōu）：酒笼。

腊酒

用糯米二石，水与酵[①]共二百斤，足秤，白曲四十斤，足秤，酸饭二斗，或用米二斗，起酵，其味浓而辣。正腊中造煮时，大眼篮二个，轮置酒瓶在汤内，与汤齐滚取出。

【译】准备糯米二石，水和酵母一共二百斤，取够分量，白曲四十斤，也要够分量，发酸的饭二斗，或者米二斗也可以，一起发酵，味道浓冽而辛辣。如果在腊月时煮制，要准备大眼儿的篮子两个，把酒瓶放在篮子里，轮流放进汤内，和汤一起煮到滚开时取出来。

建昌[②]红酒

用好糯米一石，淘净，倾缸内，中留一窝，内倾下水一石二斗。另取糯米二斗，煮饭摊冷，作一团，放窝内，盖讫。待二十余日，饭浮浆酸，摝去[③]浮饭，沥干浸米。先将米五升淘净，铺于甑[④]底，将湿米次第上去。米熟略摊，气绝[⑤]，番[⑥]在缸中，盖下。取浸米浆八斗，花椒一两，煎沸，出镬[⑦]，待冷，用白曲三斤搥细，好酵母二碗，饭多少如常

---

① 酵：含有酵母的有机物。

② 建昌：明、清时期地名，现江西南昌城。

③ 摝（lù）去：捞去。

④ 甑（zèng）：古代蒸食炊器。

⑤ 气绝：热气散尽。

⑥ 番：同“翻”。

⑦ 镬(huò)：古代煮肉食的大型烹饪铜器，无足的鼎，今南方有些地方把锅子也叫镬。

酒。放酵法，不要厚了。天道极冷放暖处，用草围一宿。明日早将饭分作五处，每处放小缸中，用红曲[1]一升，白曲半升，取酵亦作五分，每分和前曲、饭同拌匀，踏在缸内。将馀[2]在熟水尽放面上，盖定。候二日打扒。如面厚，三五日打一遍。打后，面浮涨足，再打一遍，仍盖下。十一月二十五日、十二月一月熟，正月二十日熟。余月不宜造作取澄。併[3]入白檀少许，包裹，泥定。头糟用熟水，随意副入多少，二宿便可榨。

【译】准备一石好糯米，淘洗干净，倒入缸里，中间留一个窝槽，往里面倒一石二斗的水。另外再拿二斗糯米，煮成饭摊开了，晾凉，抟作一团，放在窝里，盖好。经过二十多天，饭上冒出酸浆，把浮着的饭粒捞去，滤干浸泡着的米。先把五升米淘干净，铺到蒸锅的底部，把湿米一层层铺上去。等米熟了略微摊开，散尽热气，再翻倒在缸里，盖上。用浸米的水浆八斗、花椒一两，煮开，出锅；等凉下来，用三斤白曲锤打细了，加上好酵母两碗，饭的量与做常酒一样。放上酵，不能太厚。天太冷了就放在暖和的地方，用草包起来等待一夜。第二天早晨把饭分成五份，每份放在小缸里，用红曲一升、白曲半升，把

① 红曲：是将红曲霉培养在稻米上制成的，是我国劳动人民利用微生物加工食品的一项创造。红曲可以用来制红酒，但主要用途是做食物的着色剂和保存剂。

② 馀（yú）：同“余”。

③ 併（bìng）：同“并”。

酵母也分成五份，每份和前面的曲、饭一同拌均匀，铺在缸内。把剩下的煮熟的水全放在上面，盖好。每两天搅拌一遍。如里面太厚了，三五天搅一遍。搅完以后，表面浮起来涨到足够时，再搅动一次，再盖好。十一月的时候要二十五天、十二月的时候要一个月才能熟，正月里要二十天才能熟。其他月份不适合做柞、也不适合取了澄清。放进少量白檀，包好，用泥封好。头糟用熟水，后边随意放，过两个晚上就可以做柞并取柞澄清。

白曲

白面一石，糯米粉一斗，水拌，令干湿得所[①]。筛子格过[②]，踏成饼，纸裹，挂当风处，五十日取下。日晒夜露。每造酒米一斗，宜用曲十两。

【译】用一石白面、一斗糯米做成的粉，用水拌好，使和的面干湿正好。用小圆筛把面压成一块块的圆饼，用纸裹上，挂在迎风的地方，五十天后取下来。白天晒着，晚上露着。每做一斗米酒，最好用十两左右的曲。

红白酒药

用草菓[③]五个，青皮[④]、官桂、砂仁、良姜、茱萸、光

① 令干湿得所：将面和得干湿适中。

② 筛子格过：用小圆筛把面压成一块块的圆形。这里筛子起模子的作用。

③ 草菓：即“草果”。味辛，性温。有燥湿、祛痰、散寒等作用。

④ 青皮：未成熟的桔子的果皮。味辛苦，性温。有平肝止痛、健胃消食等功用。

乌[1]各二斤，陈皮、黄柏[2]、香附[3]、苍术[4]、干姜[5]、野菊花、杏仁各一斤，姜黄[6]、薄荷各半斤，每药末二斤，粳米粉一斗，辣蓼[7]三斤或五斤，水姜二斤舂汁，和滑石末一斤四两，如常法盦[8]之。上等料更加荜拨[9]、丁香、细辛、三赖[10]、益智、丁皮、砂仁各四两。凡酒内止可用砂仁，余药毕不可用。其外桑椹、松枝可和炊饭入缸内，桔皮、沉香、木香、檀香可入酒，皆取其香。红曲入酒取其色。地黄、黄精[11]入酒取其补益也。

---

① 光乌：乌头。性温热，主要应用于风湿痛及跌打伤痛等病症。有毒性，故一般须经炮制后再行使用（称制乌头）。

② 黄柏：一种属于芸香科的落叶乔木，其树皮作药用。味苦、寒，有解热、清火、解毒、清湿热等功效。

③ 香附：为莎草科多年生草本植物莎草的干燥根茎，又名香附子。有理气解郁、调经、止痛等功用。

④ 苍术：一种属于菊科的多年生草本植物，其根茎作药用。有健胃、化湿、祛风、发汗及治疗目疾等功效。

⑤ 干姜：淡干姜。是将生姜晒干后，用开水浸泡，减少它的辣味，再切片、晒干制成的。有温里祛寒的功效。

⑥ 姜黄：姜科。根茎黄色，有香气，为调味剂（咖喱原料）。亦可入药，能行气活血。

⑦ 辣蓼：中药名。蓼科植物水蓼的全草。古代制曲时常用它。

⑧ 盦（ān 安）：同庵。这里为腌的意思。

⑨ 荜拨：胡椒科。多年生藤本。叶卵状心形，花小。浆果卵形。原产印度尼西亚、菲律宾等地。中医学上以干燥果穗入药，性热、味辛，功能温中暖胃，主治胃寒腹痛、呕吐泄泻等症。

⑩ 三赖：即“三奈”，亦称“山奈”“沙姜”。姜科。根茎作药用，也作香料。

⑪ 黄精：一种属于百合科的多年生草本植物，其根茎作药用，有补气、润肺、生津等功效。黄精一般都是蒸熟后使用，蒸熟后呈黄黑色，滋膏很多，有一股糖香气，味甜。

【译】取五个草果，青皮、官桂、砂仁、良姜、茱萸、光乌每样二斤，陈皮、黄柏、香附、苍术、干姜、野菊花、杏仁每样各一斤，取姜黄和薄荷各半斤，每份药末二斤，粳米粉一斗、辣蓼三斤或者五斤、水姜二斤一并研磨成汁，拌进滑石末一斤四两，用常规的方法腌制。要想配制更上等的酒，需要另外加入荜拨、丁香、细辛、三赖、益智、丁皮、砂仁各四两。所有酒里只能用砂仁，其他的药一定不能用。另外可将桑椹、松枝拌进煮好的饭，一同放进缸内，橘皮、沉香、木香、檀香都可以放进酒里，都是借用它们的香气。把红曲加入酒里可以借用它的颜色。地黄、黄精放进去是考虑有益于进补。

三黄糟

三伏[①]中，糯米一斗，罨作黄子[②]一斗，用酒药做成白酒浆一斗，炊作软饭。三件一处拌匀，入瓮，泥箬[③]密封。日晒，至秋冬用。或和在酱内尤佳。

【译】三伏天的时候，用一斗糯米、一斗酱黄、一斗用药酒做成的白酒浆，放在一起煮成软饭。再把这三样原料放到一起搅拌均匀，放进瓮中，外面用泥加箬叶密封好。在阳

① 三伏：每年自夏至到立秋后第二个庚日前一天这段时间里分初伏、中伏、末伏，亦称头伏、二伏、三伏。故三伏亦指末伏。

② 罨（yǎn）作黄子：即“罨黄”。已经罨黄的半制品，现在叫作“酱黄”，古时叫作“黄蒸”。

③ 箬（ruò）：一种竹子，叶大而宽，可编竹笠，又可用来包粽子。

光下暴晒，待到秋、冬两季时便可食用。也可以拌进酱里，味道绝佳。

醋

用粳、糯米，不拘糙与白皆可。以七升五合[1]，水浸三日炊饭，白曲一斤半，秤水二十五斤，和匀，入瓮，厚纸五层密封。五十日熟。二醋下水十二斤，三醋下水八斤。春秋二社[2]皆可造。亦有以来罨成黄子者。

【译】做醋用粳、糯米，不管精、糙或者黄、白都可以。用量为七升半，用水泡上三天后煮成饭，用一斤半白曲与二十五斤水搅拌均匀，放进瓮内，用五层厚纸将瓮口密封好。五十天后就做成了。第二道醋放进十二斤水，第三道醋放进八斤水。春、秋两季祀社神的日子都可以做。也有用来做成酱黄的。

（醋）又法

正立伏日，粳米糙白皆可，粞[3]亦可。五斗，水浸，一日一换水。七次，炊饭入瓮内。候七日下水，其饭一斗，对水一斗，下后每日打二次。候熟，滤过醋糟，煎过入瓶内，放糙米一撮尤妙。

【译】正好数伏的日子，取粳米好坏都行，碎米也可以。一共五斗，用水浸泡，一天换一次水。换水七次后，煮

① 合（gě）：容量单位，一合为一百毫升。

② 社：社日。古代祀社神的日子。一般在立春、立秋后第五个戊日。

③ 粞（xī）：碎米。

成饭，放进瓮里。七天后再次加水，饭有一斗，就加水一斗，之后每天搅拌两次。待发酵完成以后，把醋糟过滤掉，煮开一次后放入瓶中，如放进一撮糙米味道会更佳。

（醋）又法

二斗米浸二日，蒸饭，和麸子一斗，罨成黄子，晒干。再用米炊饭二斗，乘热和前黄子，十分捺实在缸内。一斗米下二斗水，缸上用盖密封。候其熟，用茴香煎煮入瓶。须正伏中造。

【译】用二斗米泡两天，蒸成饭，与一斗麸子拌在一起，做成酱黄，放在太阳下晒干。再拿二斗米煮饭，趁热和前边的酱黄拌好，放进缸内，要按得非常瓷实。每一斗米加入二斗水，把缸用盖子密封好。等到发酵完成后，再加上茴香，煮开后放入瓶里。必须在伏天的日子做。

豆酱

用黄豆一石，晒干，拣净，去土，磨去壳，沸汤泡浸，候涨，上甑蒸糜烂。停如人气温，拌白面八十斤，官秤，或七十斤，摊芦席上约二寸厚，三五日黄衣上[①]，翻转再摊，罨三四日，手挼[②]碎盐五六十斤，水和，下缸拌抄，上下令匀。以盐掺缸面，其盐宜淋去灰土草屑。水宜少下，日后添冷盐汤。大抵水少则不酸，黄子摊薄则不发热，且色黄。厚

① 黄衣上：指豆子上长出了“黄衣”。这是曲菌（一种丝状菌）在豆子上生育、繁殖出来的。因为曲菌孢子呈黄绿色，故叫“黄衣”。

② 手挼（ruó）：用手揉搓。

则黑烂且臭。下缸后遇阴雨，小棒撑起缸盖，以出其气。炒盐停冷掺其面。天晴一二日便打转令白[①]，频打令其匀，且出热气。须正伏中造。

【译】准备一石黄豆，晒干，拣净，去土，把壳磨掉，用煮开的水浸泡，等豆子都涨发起来，上蒸锅蒸烂。放至与人的体温差不多的时候，拌上八十斤白面，如果是用官家的秤称，就取七十斤。摊开放在芦席上大概两寸厚，三五天后长出黄衣，把豆子翻过来再摊开，再晒上三四天。准备五六十斤盐，用手把盐揉搓碎，用水溶化。将豆子放进缸里上下搅拌，加入盐水搅拌均匀。再用盐撒在缸面上，这时候的盐最好洗掉灰土、草籽等脏东西。水最好少放，以后可以加入放冷的盐开水。大体上水少就不会酸，酱黄摊薄就不发热，而且颜色会黄。摊得厚就会颜色发黑而且容易变烂、变臭。豆子放进缸里以后如果遇到下雨，用小木棍把缸盖撑起来，使里面的气放出来。炒盐要等到冷却后再掺到缸里。天气晴朗时，一两天就要搅拌使之均匀。多搅拌几次，不仅能让酱变得均匀，也能把热气排出来。必须正好伏天的时候做。

（豆酱）又法

用大麦磨粉，其色味尤甜而黑，汁且清。凡酱止宜周岁[②]，过则味减矣。

---

① 白：为“匀”之误。

② 凡酱止宜周岁：酱只适合放一年的时间。

【译】拿大麦磨成粉，颜色黑，味道发甜，汁还清亮。酱只适合放一年的时间，放过了一年，味道就减弱了。

又酱油法

黄豆挼去衣，取一斗净者下盐六斤，下水比常增多。熟时其豆在下，其油在上也。

【译】把黄豆搓去外皮，挑出一斗干净的豆子，放入六斤盐，加水要比平常多一些。待到发酵完成的时候，豆子沉在下面，浮在上面的就是酱油。

脯[1]鲊[2]类

千里脯

牛、羊、猪肉皆可。精者一斤，醲酒[3]二盏，淡醋一盏，白盐四钱、冬三钱，茴香、花椒末一钱，拌一宿，文武火煮，令汁干，晒之。诗曰：

不问猪羊与太牢[4]，一斤切作十来条。

一觥淡醋二醲酒，茴香花椒末分毫。

白盐四钱同搅拌，淹[5]过一宿慢火熬。

酒尽醋干穿晒却，味甘休道孔闻韶[6]。

【译】材料选用牛、羊、猪肉都可以。选精瘦的部分一斤，用两杯味道醇厚的酒，一杯味淡的醋，四钱白盐、冬天里用三钱就够了，茴香、花椒末各一钱，拌好放一夜，用文、武火煮，把汤汁收干了，晒干即可。有诗曰：

---

① 脯：食品名。蜜渍的干果；肉干。

② 鲊（zhǎ）：经过加工的鱼类食品。制作的方法大体是：将鱼切成薄片，加盐、酒、香料腌制后，与蒸熟的凉米饭隔层装缸发酵而成。也有不装缸发酵的。

③ 醲（nóng）酒：味道醇厚的酒。

④ 太牢：古代帝王、诸侯祭祀社稷时，牛、羊、豕（shǐ）三牲全备为“太牢”。《大戴礼记·曾子天圆》：“诸侯之祭，牛曰太牢。”这里的“太牢”指牛。

⑤ 淹：同“腌”。

⑥ 味甘休道孔闻韶：《论语·述而篇》：“子在齐闻《韶》，三月不知肉味，曰：‘不图为乐之至于斯也’。”这里引用孔子的这个故事是说明“千里脯”的味道甘美，使孔子闻“韶”乐而仍知肉味。

不问猪羊与太牢，一斤切作十来条。

一戗淡醋二醲酒，茴香花椒末分毫。

白盐四钱同搅拌，淹过一宿慢火熬。

酒尽醋干穿晒却，味甘休道孔闻韶。

搥[1]脯

新宰圈猪带热精肉一斤，切作四五块。炒盐半两，擩[2]入肉中，直待筋脉不收，日晒半干。量用[3]好酒和水，并花椒、莳萝[4]、桔皮，慢火煮干，碎搥。

【译】刚杀的圈（圈养）猪，趁热切下一斤精瘦肉，把瘦肉切成四五块。用半两炒盐，把盐揉入猪肉中，等到筋络血脉都不吸收了，在太阳下晒到半干的状态。加入适量的好酒和水，再放进花椒、莳萝、橘皮，一起慢火煮干，然后捶打成肉脯。

火肉[5]

以圈猪方杀下，只取四只精腿，乘热用盐，每一斤肉盐一两，从皮擦入肉内，令如绵软。以石压竹栅上，置缸内二十日，次第[6]翻三五次。以稻柴灰一重间一重叠起，用稻

① 搥（chuí）：同“捶”，捶打。

② 擩（nòu）：即捻擩。这儿是揉、擦的意思。

③ 量用：酌量使用。

④ 莳萝：亦称土茴香。果实芳香，有健脾、开胃、消食的作用。古人常用作调料。

⑤ 火肉：明代的火腿。

⑥ 次第：轮流。

草烟熏一日一夜，挂有烟处。初夏水中浸一日夜，净，仍前挂之。

【译】刚杀的圈（圈养）猪，只切下四只腿，趁热放盐，每斤肉放一两盐，将盐从表皮擦到肉里边，使肉变得绵软。用石头把肉压在竹栅上，放进缸内二十天，轮流翻上三五次。用稻柴灰一层隔一层叠放在一起，再用稻草点烟，将肉挂到有烟的地方熏制一天一夜。初夏的时候放到水里边浸泡一整天，洗干净。再像之前一样挂在有烟的地方。

腊肉

肥嫩豮猪[1]肉十斤，切作二十段。盐八两、酒二斤，调匀，猛力揲入肉中，令如绵软。大石压去水痕，十分干。以剩下所淹酒调糟，涂肉上，以篾穿之，挂通风处。

【译】从阉过的猪身上切下肥嫩的肉十斤，切成二十段。用八两盐、二斤酒调均匀，使劲揉到肉里，使猪肉变得绵软。再用大块石头压在肉上面，把水分压出来，压到特别干为止。把剩下的酒调成糟，涂在肉上，用竹篾子穿起来，挂到通风的地方风干。

（腊肉）又法

肉十斤，先以盐二十两煎汤，澄清取汁，将肉置汁中，二十日取出，挂通风处。

【译】取肉十斤，先用二十两盐加水煮开，把盐水滤清，

① 豮（fén）猪：阉割过的猪。

把肉放到盐水中浸泡，二十天后取出来，再挂到通风地方风干。

（腊肉）又法

夏月盐肉，须用炒盐擦入，匀。淹一宿，挂起，见有水痕，便用大石压去水，干，挂风中。

【译】夏天用盐腌肉，必须用炒盐擦入肉中，要擦匀。腌一夜，挂起来，看到有水出来时，用大石头压去水分，压干，再挂到通风地方风干。

风鱼法

腊月鲤鱼或鲫鱼斤许者，不去鳞，只去肠杂，拭干。炒盐一两，连鳞内外擦过，淹四五日，剁碎葱、椒、莳萝，好酒拌匀，酿在鱼腹中。皮纸皮裹，麻皮扎定，挂当风处。用时，微火炙熟。

【译】选腊月里的鲤鱼或者鲫鱼一斤左右，不刮鳞，只把肚子里的肠杂收拾干净，擦干水分。用一两炒盐擦遍鳞里外，腌上四五天，把剁碎的葱、椒、莳萝，配上好酒拌均匀，放进鱼肚子里。鱼外表用皮纸裹上，并用麻皮捆好，挂到通风的地方。需要吃的时候，用微火烤熟即可。

炙鱼

鲚鱼[①]新出水者，治净，炭上十分炙干收藏。

【译】把刚出水的鲚鱼收拾干净，放到炭火上烤，烤到干透以后收藏起来。

---

① 鲚（jì）鱼：长三四寸，生活在海洋中，春季或初夏到河中产卵。俗称凤尾鱼。

（炙鱼）又法

鲚鱼去头、尾，切作段，用油炙熟。每段用箬间盛瓦罐内，泥封。

【译】去掉鲚鱼的头和尾，切成段，再用油煎烤至熟。每段用箬叶隔开放在瓦罐里，用泥封好罐口。

水咸鱼法

腊中鲤鱼切大块，拭干。一斤用炒盐四五两擦过，淹一宿，洗净痕干。再用盐二两，糟一斤拌匀入瓮，纸、箬、泥封涂。

【译】取腊月中的鲤鱼切成大块，擦干水分。每一斤鱼用四五两的炒盐揉擦，腌上一夜，洗干净，再压干水分。再用二两盐、一斤酒糟搅拌均匀，一并放进瓮里，用纸、箬叶、泥一起将瓮口封涂严实。

蟹生方①

用生蟹剁碎。以麻油，或熬熟，冷。并草果、茴果、砂仁②、花椒末、水姜③、胡椒俱为末，再加葱、盐、醋，共十味，入内拌匀，即时可食。

【译】把生蟹剁碎。把麻油熬熟，晾凉。在麻油内加入碾成粉末的草果、茴果、砂仁、花椒末、嫩姜、胡椒，再加入

① 蟹生方：这是螃蟹生吃的方子。

② 砂仁："缩砂仁"的简称。缩砂仁是属于多年生草本植物，主要出产于广东，其气味芳香浓烈，有健胃、化湿、止呕等功效。

③ 水姜：嫩姜。

葱、盐、醋共十种调味料，放进生蟹块里拌匀，可以即食。

鱼鲊[1]

鲤鱼、青鱼、鲈鱼、鲟鱼毕可以造。治去鳞、肠，旧筅箒[2]缓刷，去脂腻腥血，令十分净。挂当风一二日，切作小方块。每十斤用生盐一斤（夏月一斤四两），拌匀，淹磁器内。冬二十日，春秋减之。布裹石压，令水十分干，不滑不韧。用川椒皮二两，莳萝、茴香、宿砂、红豆各半两，甘草少许，皆为麁末[3]，淘净白粳米七八合，炊饭，生麻油一斤半，纯白葱丝一斤，红曲一合半，搥碎，以上俱拌匀磁[4]器或木桶，按十分实，荷叶盖，竹片扦定，更以小石压在上，候其日熟。春秋最宜造。冬天预淹下鲊坯，可留，临用时旋将料物打拌。此都伯造法也[5]。鲚鱼同法，但要干方可。

【译】鲤鱼、青鱼、鲈鱼、鲟鱼都可以用来做鲊。去掉鳞和肠子，用旧的炊帚慢慢地洗刷掉血和腥腻的脏东西，收拾干净。在通风的地方挂上一两天后，切成小方块。每十斤鱼用一斤生盐（夏天的时候用一斤四两生盐），搅拌均匀，放到瓷器里腌制。冬天时要腌二十天，春天、秋天时可适当减几天。鱼要用布包裹起来，并拿石头压上，挤出水分，让

① 鱼鲊（zhǎ）：腌制的鱼。这一种腌鱼是用粳米饭、盐及其他多种调料拌制而成的。

② 筅箒（xiǎn）：炊帚，多为竹制。

③ 麁（cū）末：粗末。麁，同“粗”。

④ 磁：同“瓷”。

⑤ 此都伯造法也：这是都伯制作“鱼鲊”的方法。都伯，人名，生平不详。

鱼干透，手感不滑且没有韧性。准备二两川椒皮及莳萝、茴香、宿砂、红豆各半两、甘草少量，一并碾成粗末，白粳米七八合淘洗干净，煮成饭，把一斤半的生麻油、一斤纯白葱丝、一合半红曲一并打碎，将这些材料全都拌匀，同鱼一并放进瓷器或木桶里，压瓷实，盖上荷叶，插好竹片，再用小石头压在上面，等它一天天腌好即可。春秋是做鱼鲊最佳时期。冬天预先腌好鲊坯子，保存好，到需要做的时候，把调料打碎拌好就行了。这是都伯的做法。鲚鱼也是这样，但是要干透才可以。

生烧猪羊肉法

腿精批作片，以刀背匀捶三两次，切作块子。沸汤内随漉出[1]，用布内纽干。每一斤用好醋一盏、盐四钱，椒油，草果、砂仁各少许。供馔亦珍美。

【译】将猪或羊腿上的肉片下来，用刀背均匀捶打两三次，切成块。用开水焯水后捞出，滤去水分，包在布里拧干。每斤肉配上一盏好醋、四钱盐及椒油、草果、砂仁各少许。这样做好就可以品尝了，非常珍贵且味道鲜美。

大爊[2]肉

肥嫩杜圈猪约重四十斤者，只取前胛，去其脂，剔其

① 沸汤内随漉（lù）出：指将肉块在滚水中一焯，随即捞出沥去水分。漉，这里是滤的意思。

② 爊（lù）：炼的意思。

骨，去其拖肚[①]，净取肉一块，切成四五斤块，又切作十字，为四方块。白水煮七八分熟，捞起停冷，搭精肥，切作片子，厚一指。净去其浮油水，用少许厚汁，放锅内。先下爊料，次下肉，又次淘下酱水[②]，又次下元汁，烧滚。又次下末子细爊料在肉上，又次下红曲末，以肉汁解薄[③]倾在肉上。文武火烧滚令沸，直至肉料上下皆红色，方下宿汁[④]，略下盐，去酱板[⑤]，次下虾汁，掠去浮油，以汁清为度，调和得所。顿热其肉与汁，再不下锅，与“豉汁鹅”[⑥]同法，但不用红曲，加些豆豉，擂在汁中。

【译】挑选四十斤左右肥嫩的、圈养的猪，只用前胛部分，去掉脂肪，剔掉骨头，下垂的肚肉也不要，只取纯肉切成四五斤的块，再在这块肉上划个十字，划为四方块。放到白水里煮到七八成熟，捞出来，放凉，肥瘦搭配，切成一指厚的片。把浮油刮去，用少许厚汁，放进锅里。先把爊料放进去，再放肉，再加豆瓣酱沥出的汁，再加入元汁（疑为豆瓣酱原汁），烧开。将细爊料撒在肉上，用肉汁把红曲末澥薄了倒在肉上。以文、武火交替让汤反复滚开，直到肉块上

① 拖肚：下垂的肚肉。

② 淘下酱水：将豆酱放在淘箩或筲（shāo）箕（jī）中，让酱汁渗到锅中去，豆酱瓣仍留在淘箩或筲箕中。

③ 以肉汁解薄：用肉汁调和红曲末，使其化开，变得稀薄。

④ 宿汁：俗称“老卤”。

⑤ 酱板：似应为酱瓣。

⑥ 豉汁鹅：是元明时期较有名的一道菜，明高濂《饮馔服食笺》中有记载。

下都变成红色，再放老卤，加少许盐，撇去豆酱瓣，放进虾汁，撇去汤面上的浮油，直到汤汁清亮为止，调味。炖热肉和汁，不用再放入锅里，和“豉汁鹅”一个方法但不用加红曲料，加少许豆豉，打碎了放在汁里。

捉清汁法[①]

以元[②]去浮油，用生虾和酱椿在汁内。一边烧火，使锅中一边滚起，泛来[③]，掠去之。如无虾汁，以猪肝擂碎和水代之。三四次下虾汁，方无一点浮油为度。

【译】用撇去浮油的原汁，把生虾和酱在臼内舂成泥，放进汁里。一边烧火，锅中水滚开后，一边撇去汤面上浮起的泡沫。如果没有虾汁，把猪肝碾碎，拌进水里替代也可以。虾汁要分三四次放进去，以一点浮油都没有为准。

留宿汁法

宿汁每日煎一滚，停倾少时，定清方好。如不用，入锡器内或瓦罐内，封盖挂井中。

【译】老卤汁每天都煮开一次，放置一会儿再倒，要让汤汁重新返清才算好。如果不马上用，放到锡器或瓦罐里，封好口，挂到井里保存。

用红曲法

每曲一酒盏许，隔宿酒浸令酥，研如泥。以肉汁解薄

① 捉清汁法：制作清汤的方法。如今一般叫“吊汤”。“捉”或为“提”之误。

② 以元：用原汁。原文漏一“汁”字。

③ 泛来：汤面上浮起了泡沫之类。“来”为“末”之误。

倾下。

【译】取约一酒杯的红曲，用隔夜的酒浸泡酥软后，研成泥。再把肉汁澥开后，倒进汤里。

麄�料[1]方

炙用官桂、白芷、良姜等分，不切，完用[2]。

【译】炙烤时需要用相同分量的官桂、白芷、良姜，不用切，整个用。

细熝料方

甘草多用，官桂、白芷、良姜、桂花、檀香、藿香[3]、细辛[4]、甘松[5]、花椒、宿砂、红豆、杏仁等分，为细末用。

凡肉汁要十分清，不见浮油方妙，肉却不要干枯[6]。

【译】甘草要多准备一些，官桂、白芷、良姜、桂花、檀香、藿香、细辛、甘松、花椒、砂仁、红豆、杏仁分别准备相同的分量，一并研成细末使用。

肉汁要特别清澈，以看不见浮油为最好，肉也不能烧

---

① 麄（cū）熝（lù）料：粗调料。这是一种事先配好的调料。一般在烧、熬菜肴时用。

② 完用：整用。

③ 霍香：属于唇形科的多年生草本植物，气味芳香。用全草。有解热、清暑、化湿、健胃、止呕等功效。

④ 细辛：属于马兜铃科的多年生草本植物。用全草。有发汗散寒、祛风止痛、止痒、止咳等功效。

⑤ 甘松：属于败酱科的多年生草本植物，地下根茎有浓烈香气，原名甘松香。用根及根茎。有疏肝解郁、理气止痛等功效。

⑥ “凡肉汁要十分清”句本句和上文缺少联系，是指的烧肉的情况。疑为前人转抄之中产生的错误。

干、烧柴。

熝鸭羹

大肥鸭以石压死，甑过[①]，挦[②]去毛，剁下头颈，倒沥血水，在盆内留下，却开肚皮，去肠。入锅中，先下酱水与酒并沥下血水，煮一滚，方下宿汁并麄熝料，擘[③]碎入汁中，又下胡萝卜，多则损汁味，又下细研猪胒[④]。临熟，火向一边烧，令汁浮油滚在一边，然后撇之，汁清为度。又下牵头[⑤]。以指按鸭胸部上，肉软为熟。细熝料紫苏多用，为主，花椒次用，甘草次用，茴香以下，并减半之用。杏仁、桂皮、桂枝、甘松、檀香、砂仁研为细末。沙糖、大蒜、胡葱研烂如泥，入前干末和匀。每汁一锅，约用熝料一碗，又加紫苏末，另研入汁牵，绿豆粉临用时多少打用[⑥]。

【译】把大肥鸭子用石头压死，在开水里烫一下，拔毛，剁下头和脖子，倒过来将血水控入盆里，开膛，去掉肠子。放入锅里，先加酱水和酒并控出血水，煮开，再加入老卤汁和粗调料，撕碎后放进汤汁里，放入胡萝卜（不能多放，否则会破坏汤汁的味道），最后放细研过的猪胰。快熟

① 甑（zèng）过：将死去的鸭放在甑中烫一下，以便去毛。

② 挦（xián）：有撕、取、拔、拉等意。

③ 擘（bāi）：用手把东西分开或折断。同“掰”。

④ 猪胒（yí）：即“猪胰”。

⑤ 牵头：指牵粉汁。如今牵已改作“芡”。

⑥ 打用：调用。

的时候，把火向一边偏烧，让汤汁里的浮油翻滚到一边，把浮油撇去，直到汤汁清亮。加入芡汁。用手按鸭子的胸部，肉软了就算熟了。放细调料，紫苏为主可多放，花椒第二，甘草第三，茴香和其他的调料使用的时候都减一半。杏仁、桂皮、桂枝、甘松、擅香、砂仁研成细粉末。沙糖、大蒜、胡葱碾烂成泥，和前边的粉末一起拌匀。每一锅汤汁，约用一碗调料，再加入紫苏末，另外研进芡汁，绿豆粉用的时候视多少现调。

又煮鸭法

宿汁每日多留䃫[①]（徒感反[②]），用法见“大熝肉”条。鸭颈剁下，盘受下血水。自口边[③]起划一刀，取颈骨，捶碎。鸭煮软后捞起，搭脊血并沥下血[④]，生涂鸭胸脯上，和细熝料再蒸。

【译】老卤汁每天在坛子里多留一些，使用方法看“大熝肉”那条的说明。鸭脖子剁下来，下边放个盘子接血水。在刀口边上划一刀，把颈骨取出来，打碎。鸭子煮软后捞出来，把鸭子的脊血和前面控在盘子里的血混在一起，涂在鸭子的胸脯上，拌上细熝料再蒸。

---

① 䃫（dàn）：䃫为“坛”之误。

② 徒感反：为“䃫”的注音，这里用的是古人的反切法。

③ 口边：刀口边。

④ 搭脊血并沥下血：将鸭子的脊血和前面沥在盘中的血混起来。

带冻姜醋鱼

鲜鲤鱼切作小块，盐淹过，酱煮熟，收出。却下鱼鳞及荆芥同煎滚，去查[①]，候汁稠，调和滋味得所。用锡器密盛，置井中或水上。用浓姜醋浇。

【译】鲜鲤鱼切成小块，用盐腌了，再用酱煮熟，捞出。去掉鱼鳞和荆芥再一起煮开，把渣滓去掉，等汁稠了，调味到想要的口味即可。把鱼块放入锡器内，密封后放在井里或井水的上面。吃的时候，淋入浓姜醋汁。

瓜齑[②]法

酱瓜[③]、生姜、葱白、淡笋干或茭白、虾米、鸡胸肉各等分，切作长条丝儿，香油炒过供之。

【译】酱瓜、生姜、葱白、淡笋干或茭白、虾米、鸡胸肉各准备相同的分量，切成长条丝儿，用香油炒了吃。

水鸡[④]干

治大水鸡，汤中煮，浮即捞起，以石压之，令十分干收。

【译】准备大个的青蛙，在汤里煮，煮到漂起来就捞出，用石头压上，让青蛙干透了，收起。

---

① 查：应为“渣”。

② 瓜齑（jī）：用切细的瓜等做的菜。齑，细，碎，亦指用醋浸渍制成的切细的瓜菜。

③ 酱瓜：用甜酱腌制的菜瓜，具有鲜、甜、脆、嫩的特点。

④ 水鸡：即青蛙的俗称。

戭[1] 蒸鹅

和肥鹅肉，切作长条丝，用盐、酒、葱、椒拌匀，放白戭内蒸熟，麻油浇供。

【译】将肥鹅肉切成长条丝，用盐、酒、葱、椒一起拌匀，放在盏里蒸熟，吃时淋上麻油即可。

（蒸鹅）又法

鹅一只，不剁碎，先以盐淹过，置汤锣[2]内蒸熟。以鸭弹[3]三五枚洒在内，候熟，杏腻[4]浇供，名杏花鹅。

【译】选一只鹅，不剁碎，先用盐腌了，放进汤锣里蒸熟。将三五个鸭蛋液洒在里面，等熟，吃的时候浇上杏酪，名叫“杏花鹅”。

筭条巴子[5]

猪肉精肥各另切作三寸长条，如筭子样，以沙糖、花椒末、宿砂末调和得所，拌匀，晒干，蒸熟。

【译】肥、瘦猪肉各切成三寸长的条，形状像筹条一样，用沙糖、花椒末、宿砂末一起调和，将肉条拌匀，晒干，蒸熟。

---

① 戭（zhǎn）：同“盏”。原指浅而小的杯子。这里是指用来蒸东西的浅盆。

② 汤锣：一种蒸器。

③ 鸭弹：鸭蛋。

④ 杏腻：似指杏酪。用杏仁做成的一种糊状食品。

⑤ 筭（suàn）：计算用的筹。筭，通“算”，作筹划解，所以古代一些菜谱中将“筭条巴子”又写作“算条巴子。”

燥子蛤蜊

用猪肉肥精相半，切作小骰子[1]块，和些酒煮半熟。入酱，次下花椒、砂仁、葱白、盐、醋和匀，再下绿豆粉或面水调，下锅内作腻[2]，一滚盛起。以蛤蜊先用水煮，去壳，排在汤蘁，蘁子[3]内，以燥子肉洗供。新韭、胡葱、菜心、猪腰子、笋、茭白同法[4]。

【译】肥、瘦猪肉各一半，切成小骰子块，加入少许酒煮到半熟。加酱，随后依次加入花椒、砂仁、葱白、盐、醋调匀，再把调好的绿豆粉水或面水，倒入锅里勾芡，锅开后盛出。蛤蜊先用水煮，去壳，码放在汤盬子里，用燥子肉浇着吃。新韭、胡葱、菜心、猪腰子、笋、茭白可一同吃。

炉焙鸡

用鸡一只，水煮八分熟，剁作小块。锅内放油少许，烧热，放鸡在内略炒，以镟子[5]或碗盖定。烧极热，酒、醋相半，入盐少许烹之，候干再烹[6]，如此数次。候十分酥熟取用。

【译】将一只鸡用水煮到八成熟，剁成小块。锅内放少许油，油烧热，把鸡下锅煸炒一下，盖好镟子或碗，锅烧

---

① 骰（tóu）子：指色（shǎi）子。一种赌博用具，作投掷用。系骨头制成的小正方体。

② 作腻：即勾芡。

③ 汤蘁，蘁子：蘁，蘁疑为“盬”之误。盬（gǔ），为一种器皿。

④ 同法：疑为“同供”之误。

⑤ 镟（xuàn）子：铜做的器具，像盘而较大，通常用来做粉皮。又指温酒时盛水的金属器具。

⑥ 候干再烹：等调料汁干了，再次加入调料汁，再次烹煮。

到极热，放酒、醋（各放一半量），加少许盐煮制，汤汁干了，再加酒、醋，再煮。这样煮过几次。待鸡肉酥烂后，即可取出来食用。

蒸鲥鱼法

鲥鱼去肠不去鳞，用布拭去血水，放汤罗内，以花椒、砂仁、酱擂碎，水、酒、葱拌匀其味，和蒸之。去鳞供之。

【译】鲥鱼开膛，去肠子、内脏，不去鳞，用布擦干血水。放进汤罗（盛器）里，用砸碎的花椒、砂仁、酱，加水、酒、葱拌匀，涂抹在鲥鱼上，蒸制。蒸熟后，去鳞食用。

酥骨鱼

大鲫鱼治净，用酱水、酒少许，紫苏叶大撮，甘草些小[①]，煮半日，候熟供食。

【译】大鲫鱼收拾干净，加入少量的酱水、酒及一大撮紫苏叶、少许甘草，煮制半天，熟后即可食用。

川猪头法

猪头先以水煮熟，切作条子，用沙糖、花椒、砂仁、酱拌匀，重汤[②]蒸顿。

【译】猪头先用水煮熟，切成条状，以砂糖、花椒、砂仁、酱拌匀，隔水蒸煮。

---

① 些小：少许之意。“小”疑为“少”之误。

② 重汤：指隔水蒸煮的一种烹饪方法。

酿肚子

用猪肚子一个，治净，酿入石莲[①]肉。洗、擦苦皮[②]，十分净白。糯米淘净，与莲肉对半，实装肚子内。用线扎紧，煮熟，压实。候冷切片。

【译】准备一个猪肚，收拾干净，把石莲肉放进肚内。清洗猪肚外皮，收拾得干净亮白。把糯米淘洗干净，与莲肉对半的分量，装进猪肚里填实。把猪肚口用线扎紧，煮熟，压瓷实。等冷却下来再切成片。

---

① 石莲：莲子经霜后坚黑如石质，叫石莲子，又名甜石莲。有清心、除烦的功效。

② 苦皮：指猪肚的外皮。

蔬菜类

配盐瓜茄法

老瓜[①]、嫩茄合五十斤，每斤用净盐二两半。先用半两淹瓜茄，一宿出水。次用桔皮五斤、新紫苏连根二斤、生姜丝三斤、去皮杏仁二斤、桂花四两、甘草二两、黄豆一斗、煮酒五斤，同拌入瓮，合满捺实。箬五层，竹片捺定，箬裹泥封。晒日中。两月取出，入大椒半斤、茴香、砂仁各半斤，拌匀。晾晒[②]在日，内发热乃酥美。黄豆须拣大者，煮烂，以麸皮罨熟，去麸皮净。

【译】老菜瓜、嫩的茄子加在一起准备五十斤，每斤搭配二两半净盐。先用盐把瓜和茄子腌一夜，使它们腌出水分。再用五斤橘皮、二斤连根的新紫苏、三斤生姜丝、二斤去皮杏仁、四两桂花、二两甘草、一斗黄豆、五斤煮酒，一同拌好放到缸里，放满按瓷实。上面放五层箬叶，再用竹片按住，用箬叶将缸口包好，用稀泥封口。把缸放在太阳下暴晒。过两个月取出来，放进半斤大椒及茴香、砂仁各半斤，搅拌均匀。再在太阳下面晒，让里面温度升高了，吃起来才美味酥口。黄豆要挑大的，煮烂，用麸皮盖在上面焐熟，再

① 老瓜：似指老菜瓜。

② 晾晒：晾（làng），晒的意思。此指在太阳下晒。

把麸皮除干净。

糖蒸茄

牛妳[①]茄嫩而大者，不去蒂，直切成六棱。每五十斤用盐一两。拌匀，下汤焯，令变色，沥干。用薄荷、茴香末夹[②]在内，沙糖二斤、醋半锺[③]，浸三宿。晒干。还卤，直至卤尽茄干，压扁收藏之。

【译】牛妳茄子要选嫩而且大的，不用去蒂，直着切成六棱形状。每五十斤配上一两盐。搅拌均匀，放进开水里焯一下，变色之后捞出来控干水分。加入混在一起的薄荷、茴香末，加入二斤沙糖、半酒盅醋，浸泡三个晚上。捞出晒干。晒干的茄子放回卤汁中，然后再拿出来晒，一直到卤汁用尽，茄子晒干为止。再把茄子压扁后储藏起来。

蒜梅

青硬梅子二斤、大蒜一斤，或囊剥尽[④]。炒盐三两，酌量用水煎汤，停冷浸之。候五七日后，卤水将变色，倾出。再煎其水，停冷浸之，入瓶。至七月后食。梅无酸味，蒜无荤气也。

【译】准备二斤又青又硬的梅子、一斤大蒜，将蒜皮全剥干净。准备三两炒盐，加适量的水烧开，水冷后把梅子与

① 牛妳（nǎi）：长、圆形且味如牛奶的一种茄子。

② 夹：混杂之意。

③ 锺：同“盅”，饮酒或喝茶用的没有把的杯子。

④ 或囊剥尽：或者将大蒜皮剥干净。

蒜放进去浸泡。等上五七天以后，卤水快要变色的时候，将水倒出。再将倒出来的卤水煮开，放凉后再次放到瓶里浸泡梅子与蒜。等过了七月以后再吃。梅子没有酸味了，蒜也没有了腥辣味。

酿瓜

青瓜坚老而大者，切作两片，去穰[1]。用盐出其水。生姜、陈皮、薄荷、紫苏俱切作丝，茴香、炒砂仁、沙糖拌匀入瓜内。用线扎定，成个入酱缸内。五六日取出，连瓜晒干，收贮。切碎了晒。

【译】用坚实、成熟且个儿大的青瓜，切成两片，挖去瓤。用盐把水分煞出来。将生姜、陈皮、薄荷、紫苏都切成丝，同茴香、炒砂仁、沙糖拌匀，放进瓜里。用线把瓜捆好，整个放到酱缸里。过上五六天拿出来，把瓜晒干，干后收藏起来。要切碎了晒。

蒜瓜

秋间小黄瓜一斤，石灰、白矾汤焯过，控干。盐半两淹一宿。又盐半两，剥皮大蒜瓣三两，捣如泥，与瓜拌匀。倾入淹下水中，熬好酒、醋浸着，凉处顿放。冬瓜、茄子同法。

【译】秋天里的小黄瓜一斤，加石灰、白矾用开水焯了，控干水。加半两盐腌一夜。再放上半两盐，把三两剥皮

---

① 穰（ráng）：同“瓤”。

大蒜瓣捣成泥，一同与瓜拌匀。再倒进腌瓜的水里，加入熬好的酒、醋，一同浸泡，放在阴凉地方保存。蒜冬瓜、蒜茄子与制作蒜瓜的做法一样。

三煮瓜法

青瓜坚老者切作两片，每一斤用盐半两、酱一两、紫苏、甘草少许，淹伏时。连卤夜煮日晒，凡三次。煮后晒，至雨天，留甑上蒸之，晒干收贮。

【译】选熟透并坚硬的青瓜切成两片，每一斤青瓜用半两盐、一两酱、少许紫苏和甘草，腌上一伏的时间。再同卤汁一起，晚上煮，白天晒，一共进行三次。先煮后晒（遇上雨天，就放在锅上蒸），晒干后储存起来。

蒜苗干

蒜苗切寸段，一斤盐一两，淹出臭水[①]，略晾干，拌酱、糖少许，蒸熟，晒干收贮。

【译】蒜苗切成寸段，一斤蒜苗用一两盐腌制，把蒜苗的臭水腌出来，略微晒干，拌上少许酱、糖，蒸熟，晒干后储存起来。

藏芥菜法

芥菜肥者，不犯水[②]，晒至六七分干，去叶。每斤盐四两，淹一宿取出。每茎扎成小把，宜小瓶中，倒沥尽其水，

① 臭水：指蒜味特重的水。

② 不犯水：不要碰到水。

并前淹出水同煎。取清汁，待冷入瓶，封固。夏月食。

【译】选肥大的芥菜，不要碰到水，晒到六七成干，去掉叶子。每斤芥菜用四两盐，腌一夜取出备用。每一株扎成一小把，放入合适的小瓶里，倒过来控干水分，放在之前腌菜用的水里一起煮。取清澈的汁，等冷下来放进瓶里，封好口。夏天吃。

绿豆芽

将绿豆冷水浸两宿，候涨换水[1]，淘两次，烘干。预扫地洁净，以水洒湿，铺纸一层，置豆于纸上，以盆盖之。一日洒两次水。候芽长，掏去壳。沸汤略焯，姜、醋和之。肉燥尤宜。

【译】绿豆用冷水泡两晚，等绿豆涨开了就换水，淘洗两次，烘干了。预先把地扫干净，用水洒湿了，地上铺一层纸，把绿豆放在纸上，用盆盖好。一天洒两次水。等豆芽长出来了，淘洗掉绿豆的外壳。开水略微焯一下，用姜、醋拌食。如用熟肉丁一起拌口味更好。

糟茄

中样晚茄嫩者，水浸一宿时。每斤用盐四两，好香糟一斤，三宿脆妙。

【译】选中等个头、嫩的晚茄，用水浸泡一夜。每斤用四两盐，好的香糟一斤，腌上三夜，既脆又好吃。

① 候涨换水：等绿豆芽涨开就换水。

酱姜

社前[①]姜嫩无丝，布擦之，少盐一宿，晾[②]干。入瓶，布裹口，置酱缸内。

【译】春社日之前的姜嫩而且没有丝，用布擦净，少放点盐，腌一夜，晾干。放进瓶里，用布裹上口，再放进酱缸里。

三和菜

淡醋一分、酒一分、水一分、盐、甘草，调和其味得所，煎滚。乘热下菜，姜丝、桔皮丝各少许，白芷一两，片掺菜上，重汤顿。勿令开，烂熟。

【译】用淡醋一分、酒一分、水一分、盐和甘草适量，放在一起把味道调到合适，煮开。趁热放菜，将少许姜丝和橘皮丝、一两白芷呈片状铺在菜上面，隔水蒸煮。不要使汤烧开，烂熟就可以了。

暴齑

菘菜[③]嫩茎汤焯半熟，纽干，切作碎段，少许油略炒过，舀器内。入淡醋少许，窨[④]少顷，可供。

【译】取帮子嫩的白菜，用开水焯到半熟，沥干水分，

---

① 社前：社日之前。这里似指春社前。春社时间为立春后第五个戊日。

② 晾：同“晾”。

③ 菘（sōng）菜：白菜。

④ 窨（xūn）：同“熏”，原用于熏茶叶。把茉莉花等放在茶叶中，使茶叶染上花的味。这里指使醋味透到白菜中去。

切成碎段，放少许油略炒一下，放到盘子里。加少许淡醋，让醋味透到白菜里，之后就可以吃了。

芥辣

二年陈芥子研细，水调，捺实碗内，韧纸封固①。沸汤三五次泡，去黄水，覆冷地上，顷后有气入淡醋，解开布②，滤去渣。

【译】把贮藏两年的陈芥子研成细末，用水调开，在碗里按实，用结实的纸封好。开水泡上三五次，把黄水倒出去，倒在冷的地上，稍后有气出来就放进淡醋，解开扎纸的布条，把渣子滤掉。

茄干③

夏月十分嫩茄，蒸过晒干，入瓮中，封至冬月用。苦荬菜④汤中焯过，晒干，至冬月用。

【译】选用夏天特别嫩的茄子，上火蒸过之后晒干，放进坛子里，封好，到冬天里食用。苦荬菜在开水里焯一下，晒干，到冬天即可食用。

---

① 韧纸封固：用坚韧的纸将碗口封紧。

② 解开布：解开扎纸的布条。

③ 茄干：这条里共收了两种茄干的制法。

④ 苦荬（mǎi）菜：多年生草本植物，春夏间开黄花，叶嫩时可以吃。我国各地普遍野生，在华北俗称苦菜、苣（qǔ）荬菜。

酱梨

梨子带皮入酱缸内，久而不坏。香橼[1]去穰入酱，亦可作蔬。

【译】把梨带皮放到酱缸里，储存很久都不会坏。香橼去了内瓤放到酱中腌制，也能当菜吃。

① 香橼（yuán）去穰入酱：香橼去掉内瓤放进酱中腌制。香橼果实长圆形，黄色，果皮粗而厚，可入药，古人也常用来制酱。

卷下

笼造类

大酵

凡面用头罗[①]细面，足秤，双斤十个[②]，十分上白糯米五升、细曲三两、红曲、发糟四两。以白糯米煮粥，面[③]打碎，糟和温汤，同入磁钵，置温暖处。或重汤一周时，待发作[④]，滤粕取酵。凡酵稠厚则有力。如用不敷，温汤再滤辏足[⑤]。天寒水冻则一周时过半盖，须其正发方可用和面。分作其面三四次，和酵成剂。其起发，搙匀[⑥]，擀成皮子。包馅之后，布盖于烧火处[⑦]。如天冷，左右生火以和之。必须面性起，发得十分满足，可以浮水，方可上笼。发火猛烧，直至汤气透起到笼顶盖。一发火即定[⑧]，不可再发火矣。若做“太学馒头”用酵硬，名曰“搘酵。”[⑨]

---

① 头罗：罗应为“箩”，今指筛子。头箩为第一遍筛。

② 双斤十个：疑为衍文。衍文指因缮写、刻版、排版错误而多出来的字句。

③ 面：疑为“曲”之误。曲呈块状，所以要“打碎”后用以发酵。

④ 发作：发酵。

⑤ 辏（còu）足：凑足。辏为“凑”之误。

⑥ 搙（nòu）匀：搙，拄的意思，此为揉匀。

⑦ 布盖于烧火处：用布将包馅后的点心盖住，放在烧火的地方，防止面冷却变凉。

⑧ 一发火即定：一生火就要烧到点心蒸熟（中途不能停火）。定有定局之意，这里指将点心蒸成功。

⑨ 搘（chōng）酵：搘，撞击。

【译】做大酵所选用的面一定是第一遍筛出的细面，分量要足。准备上等的、特别白的糯米五升及三两细曲，红曲和发糟各四两。用白糯米煮粥，把曲打碎，温水调糟，一起放进瓷钵里，放在温暖的地方。或者隔水蒸煮一昼夜的时间，发酵以后，把渣滓去掉，取出酵。大体上酵稠而且厚使用起来就有效果。如果不够用，用温水再过滤凑足。天气寒冷的时候就需要一昼夜再多过一半时间，要等到酵正发的时候才能用来和面。把面分成三四次加工，和酵一起揉成剂。一开始，把面揉均匀，擀成皮。包上馅以后，用布盖好放在生火的地方。如果天冷，可以在放面的左右各生上火。一定要等到面性起来了，发得特别充分了，可以浮在水上了，才能上笼屉。把火调大使劲烧，直到水汽蒸透到笼屉的顶盖。一生火就要烧到点心蒸熟，中间不能再生火烧。如果做“太学馒头”就要用硬酵，名字叫作“搯酵”。

小酵

用碱，以水或汤搜面如前法[①]。其搜面，春秋二时用春烧沸滚汤[②]，点水便搜[③]。夏月滚汤，胆冷[④]，大热用冷水。冬月百沸汤点水，冷时用沸汤便搜。饼同法。

【译】使碱，用冷水或热水和面与前边的方法（和“大

① 如前法：和“大酵”中和面的方法一样。

② 春烧沸滚汤：即烧滚的开水。春疑为衍字。

③ 点水便搜：加点冷水便和。

④ 胆冷：看到开水冷却了（再用）。胆疑为“瞻”之误。瞻，看。

酵”中和面法）一样。和面的时候，春秋两季用烧开的水，加上一点冷水就可以和面。夏天要用开水，等水冷却下来再用，天气特别热则用冷水。冬天用烧开多次的水加点冷水，冷却下来用开水马上和面。做饼的方法也一样。

（小酵）又法

用酒糟面晒干收贮。每用酌量多少，以滚汤泡，放温暖处。候起发，滤其汁和面，如“大酵法”蒸造。

【译】选用酒糟面晒干了贮藏起来。每次使用的时候看用量多少，用开水泡上，放到温暖的地方。等面发起来，过滤掉汁和面渣，像“大酵法”一样蒸制。

麄馅[①]

十分为率[②]羊肉馅，用羊肉二斤薄切，沸汤略焯过，羊脂半斤，切骰子块，生姜末四两、桔皮丝二钱、杏仁五十个、盐一合、葱白四十茎，同切剁烂。任意馒头、馄饨俱可。

【译】做十份量的羊肉馅，选二斤羊肉薄薄地切好，用开水焯一下。羊油半斤，切成骰子块大小，取四两生姜末、二钱橘皮丝、五十个杏仁、一合盐、四十根葱白，一并切碎剁烂。羊肉馅可用来制作馄饨、馒头。

---

① 麄馅：粗馅心。

② 十分为率（lǜ）：分成十份。率，这里作一定的标准和比率解。

水明角儿[1]

白面一斤，滚汤内逐渐散下，不住手搅作稠糊，分作一二十分[2]，冷水浸至雪白，放按[3]上拥出水，入豆粉对半，搜作剂[4]，薄皮。与馒头同法。

【译】取一斤白面，散着逐渐放进开水里，不停地搅拌成糊状，分成一二十份，用冷水浸泡到雪白，放在案板上挤出水分，加上一半的豆粉，揉和后做成面剂，擀成薄皮。与做馒头的方法一样。

① 水明角儿：为一种烫面制品。

② 分：同“份”。

③ 按：应为“案”，指案板。

④ 搜作剂：揉和并做成面剂。

炉造类

椒盐饼

白面二斤、香油半斤、盐半两、好椒皮[①]一两、茴香半两。三分为率。以一分纯用油、椒、盐、茴香和面为穰[②]，更入芝麻麄屑尤好，每一饼夹穰一块，捏薄入炉。

【译】二斤白面、半斤香油、半两盐、好的花椒末一两、半两茴香。分成三份。其中一份纯用油、椒、盐、茴香揉和面里作为“瓤”，放进一些芝麻粗调料屑更好，每个饼夹上一块瓤，捏薄后放进烤炉里面烤制。

（椒盐饼）又法

用汤与油对半。内用糖与芝麻屑并油为穰[③]。

【译】热水和油用量各一半。饼里面用糖和芝麻渣配上油一起做成瓤。

酥饼

油酥四两、蜜一两、白面一斤，搜成剂。入胱作饼[④]，上炉。或用猪油亦可，蜜用二两尤好。

---

① 椒皮：花椒皮。实际指花椒末。

② 穰：即瓤。

③ 内用糖与芝麻屑并油为穰：从这句来看，这种饼是芝麻糖饼。故标题用“又法”不确切。

④ 胱（guāng）：原指膀胱。这里似指一种模子。

【译】用四两油酥、一两蜜、一斤白面，揉和成面剂。在模子里做成饼，放进炉里烤制。或者用猪油也可以，蜜用二两更好。

风消饼

用糯米二升，捣极细为粉，作四分。一分作粰[①]，一分和水作饼煮熟。和见在二分，粉一小盏、蜜半盏、正发酒醅[②]两块，白饧[③]同顿镕[④]开。与粉饼擀成春饼样薄皮，破不妨。熬盘[⑤]上�[⑥]过，勿令焦。挂当风处。遇用量多少，入猪油中煠[⑦]之，煠时用筯[⑧]拨动。另用白糖、炒面拌和得所，生麻布擦细，掺[⑨]饼上。

【译】把二升糯米研成非常细的粉状，分成四份。取一份作为屑米，一份和冷水做成饼蒸熟。然后把另外的两份，用一小盏粉、半盏蜜、两块正在发的酒醅、白糖放在一起炖溶。再和粉饼一起擀成像春饼一样的薄皮，即使破了也

---

① 粰（bō）：屑米。这里指撒在案板上以防揉面时发生粘连用的米粉。

② 酒醅（pēi）：没有滤的酒。

③ 饧（xíng，又读 táng）：古“糖”字，亦作饄”。后特指用麦芽或谷芽等熬成的糖。

④ 镕：同“溶”。

⑤ 熬盘：即“鏊（bèi）盘”，一种烙饼器。铁制，四周平中心稍凸，下有三足。简称“鏊”，又叫“鏊子”。

⑥ 熡（bó）：即“爆”。这里为烙的意思。

⑦ 煠（yè）：即“炸”。

⑧ 筯（zhù）：同“箸”。

⑨ 掺：这里为“撒”的意思。掺，有的本子作“糁”。

无妨。在烙饼用的鏊子上烙，注意别烙焦了。挂在通风的地方。用的时候视量多与少，放到猪油里炸过，炸的时候用筷子拨动。另用白糖、炒面拌好，再用生麻布擦得非常细，撒在饼上。

（风消饼）又一法

只用细熟粉少许同煮，擀扯摊于筛上，晒至十分干。凡粉一斗，用芋末十二两。

【译】仅用细熟粉少量一起蒸，擀扯开，摊在筛子上，晒到干透。每一斗粉，用十二两芋头末。

肉油饼

白面一斤，熟油一两，羊、猪脂各一两，切如小豆大。酒二盏，与面搜和，分作十剂。擀开，裹精肉，入炉内熟。

【译】一斤白面，一两熟油，羊、猪油各一两，切成像小豆一样大。把两杯酒倒进面里一起揉和，分成十个剂子。把剂子擀开，裹上瘦肉，放进炉子里边烤熟。

素油饼

白面一斤，真麻油五两，搜和成剂。随意加沙糖馅，印脱花样[①]，炉内炕熟。

【译】一斤白面，五两真正的麻油，揉和成剂子。随意加些砂糖为馅，用模子扣出花样，在炉子里烤熟。

---

① 印脱花样：指用模子印出花样来。脱，一种可以印花的模子。

烧饼面枣

取头白细面，不俱[①]多少。用稍温水和面极硬剂，再用擀杖押倒，用手逐个做成鸡子样饼[②]，令极光滑。以快刀中腰周迴压一豆深。锅内熬白沙炕熟，若面枣。以白土炕之，尤胜白沙。又擀饼着少蜜，更日不干。

【译】用上等的白细面，不管多少。用温水和面，做成很硬的剂子，再用擀面杖压倒，用手挨个做成鸡蛋大小的面饼，把饼做得特别光滑。用快刀从面饼腰部（中间）向四周压出一圈（一道挨一道的）约一颗黄豆直径左右深的细痕（这样就使面饼像枣子一样）。在锅里炒热白沙子，将饼煿熟，面饼就像枣一样。用白土比白沙更好。擀饼时也可适当放点蜜，这样饼一天都不会变干。

雪花饼

用十分头罗雪白面，蒸熟，十分白色。凡用面一斤，猪油六两，油半斤。糖猪脂[③]切作骰子块，和少水，锅内熬烊[④]，莫待油尽，见黄焦色，逐渐舀出。未尽再熬再舀，如此则油白。和面为饼。底熬盘上[⑤]，略放草柴灰，上面铺纸

---

① 俱：为“拘”之误。

② 鸡子样饼：鸡蛋一样的饼。

③ 糖猪脂：糖疑为“将”之误。猪脂，即前面所说的“猪油六两”。

④ 烊（yáng）：溶化。

⑤ 底熬盘上：熬（鏊）盘的底部。这句话不太通。

一层，放饼在上熯[1]。

【译】用头遍箩的雪白的面，蒸熟，看着特别的白。每一斤面，配六两猪油、半斤香油。把猪油切成骰子块，加少许水，在锅里熬化，别等油干，看到发出黄焦色，就逐渐舀出来。如果没干，就再熬再舀，这样油就会很白。和面做成饼。熬盘底上放点草柴灰，上面铺一层纸，把饼放在上面烘烤。

芋饼

生芋妳[2]捣碎，和糯米粉为饼，油煎。或夹糖，豆沙在内尤妙。

【译】把生芋艿碾碎，与糯米粉做成饼，用油煎熟。食用时饼内可夹糖，如果加豆沙味道会更好。

韭饼

带膘猪肉作燥子[3]，油炒半熟，韭生用，切细，羊脂剁碎，花椒、砂仁、酱拌匀。擀薄饼两个，夹馅子熯之。荠菜饼同法。

【译】把带肥膘的猪肉切成肉丁，用油炒到半熟，加入切细的生韭菜、剁碎的羊油及少许的花椒、砂仁、酱，一同拌匀成馅。擀两个薄饼，夹上馅，烘烤熟。做荠菜饼也用这个方法。

---

① 熯（hàn）：此处为焙，即烘的意思。

② 芋妳：芋艿。

③ 燥子：肉丁。

白酥烧饼

面一个，油二两，好酒醅作酵，候十分发起即用，揉令十分[1]。列芝麻糖者，如前法。每面一个，糖二两，可做十六个熯。

【译】一个面团，二两油，用上好的酒醅做酵母，待到充分醒发起来就可以用了，揉到十分熟。准备芝麻和糖，像前面的方法一样。每一个面团，二两糖，可做十六个饼。

薄荷饼

头刀薄荷连细枝为末，和炒面粰六两、干沙糖一斤，和匀，令味得所。入脱脱之[2]。

【译】头刀的薄荷连着细枝做成末，与六两炒面粰一起，用一斤干砂糖，和匀，调好味道。放进模子里压出饼坯。

卷煎饼

饼与薄饼同。用羊肉二斤、羊脂一斤，或猪肉亦可，大概如馒头馅。须多用葱白或笋干之类，装在饼内，卷作一条装在饼内，两头以面糊粘住，浮油煎，令红焦色。或只熯熟，五辣醋供。与素馅同法[3]。

【译】此饼和薄饼相同。二斤羊肉、一斤羊油，猪肉也可以，像做馒头馅一样。要多加入葱白或笋干一类的材料，

---

① 揉令十分：疑脱一“熟”字，将面按、揉得十分熟。

② 入脱脱之：将调好味拌均匀的原料放入模子中压制一下。脱，模子。前一个脱作名词用，后一个脱作动词用。

③ 与素馅同法：做素馅的卷煎饼方法相同。“与”疑为衍文。

装在饼里，卷成一条，两头用面糊粘上，浮在油里煎，煎至红焦色。或者只是烘烤熟，配上五辣醋一起。做素馅也是同样的方法。

糖榧

白面入酵待发，滚汤搜成剂，切作榧子[1]样。下十分滚油煠过，取出，糖面内缠之。其缠糖与面对和成剂。

【译】白面放进酵母进行醒发，开水和面做成剂子，制成榧子的形状。下热油中炸制，炸好捞出，放进糖里滚，使它均匀沾上糖。也可以用糖和面，再做成剂子。

肉饼

每面一斤用油六两，馅子与“卷煎饼”同。拖盘熯，用饧糖煎色刷面。

【译】每一斤面用六两油，馅和“卷煎饼”的馅做法相同。用托盘烘烤，用熬好的糖色刷一刷肉饼的表面。

油侠儿

面搜剂包馅，作侠儿，油煎熟。馅同肉饼法。

【译】和面做成剂子，包入馅，做成侠儿，用油煎熟。馅的做法和肉饼的一样。

麻腻[2]饼子

肥鹅一只煮熟，去骨，精肥各切作条子，用焯熟韭菜、

---

① 榧（fěi）子：榧子树的种子，有硬壳，两端尖，仁可吃，又可以驱除钩虫、绦虫和蛔虫。

② 麻腻：麻酪。用芝麻泥做成的一种糊状食品。

生姜丝、茭白丝、焯过木耳丝、笋干丝，各排碗内，蒸热麻腻并鹅汁[1]，热滚浇[2]。饼似春饼，稍厚而小。每卷前味[3]食之。

【译】将一只肥鹅煮熟，去骨，肥、瘦肉分别切成条状，把焯熟的韭菜、生姜丝、茭白丝、焯过水的木耳丝、笋干丝，依次放到碗里码成排，蒸热了的麻酪和煮鹅的卤汁一并烧开，将滚烫的汤汁浇到菜上。饼要做得像春饼一样，微厚但要小点儿。卷上前面做好的菜吃。

① 鹅汁：煮鹅的卤汁。

② 热滚浇：应为“热滚浇之”，将滚烫的汤汁浇在菜上。

③ 前味：前面做好的菜。

糕饵类

藏粢[1]

澄细糖豆沙[2]，入薄荷少许，澄细糯米粉[3]，擀薄皮子，包豆沙，卷如筒子，蒸之。

【译】澄细糖豆沙中加入少许薄荷，用澄细糯米粉和面，擀出薄皮，包上糖豆沙，卷成筒子形状，蒸熟。

五香糕[4]

上白糯米和粳米二、六分，芡实干一分，人参、白术、茯苓总一分，磨极细，筛过。用白沙糖、茴香、薄荷，滚汤拌匀，上甑蒸。

【译】上好的白糯米二份和粳米六份，一份芡实干，人参、白术、茯苓总共一份，一并磨得非常细，用筛子筛过。加入适量白砂糖、茴香、薄荷，用开水拌匀，上甑蒸熟。

水糰[5]

澄细糯米粉带湿，以沙糖少许作馅，为弹子大，煮熟置

---

① 粢（zī）：指谷类。

② 澄细糖豆沙：澄细豆沙加糖制成。澄细豆沙，将赤豆煮熟，用筛子擦去外皮，将细沙连水放入布袋中，沥干水分而成。

③ 澄细糯米粉：用好糯米淘净，浸泡半天。带水磨成粉，然后用布袋沥干水分而成。

④ 本类中的“五香糕”“水糰”“松糕”“生糖糕”排列与目录不符，为原本之误。

⑤ 糰（tuán）：同“团”。

冷水中。澄粉者，以绝好糯米淘净，浸半日，带水磨下，置布袋中，沥干。

【译】选带一些湿气的澄细糯米粉，用少许沙糖作馅儿，揉成弹子大小，煮熟后放进冷水里。澄糯米粉，要用非常好的糯米洗淘干净，浸泡半天，在水磨上磨，放进布袋里，沥干水分便可制成。

松糕

陈粳米一斗，沙糖三斤。米淘极净，烘干，和糖，洒水，入臼椿碎。于内留二分米，拌椿其粗令尽。或和蜜，或纯粉，则择其黑色米。凡蒸糕须候汤沸，渐渐上粉，要使汤气直上，不可外泄，不可中沮[1]。其布[2]宜疎[3]，稻草摊甑中。

【译】一斗陈粳米，三斤沙糖。米要淘得非常干净，再烘干，加糖，洒水，放进臼里槌碎。每次椿后在臼里面留二分米，和新加入的米一起椿，一直到椿完为止。或者加蜜，或者就是纯粉，椿之前要拣出黑色的米。蒸糕要等到水开了，逐渐地放上粉，要让开水的蒸汽直上，不能往四边跑，不能中途熄火。蒸笼的布要疏松，稻草摊开放在甑里。

生糖糕

粳米四升、糯米半升，春秋浸一二日，捣细。蒸时用糖

---

① 不可中沮（jǔ）：不能中途熄火。沮，原有阻止之意。这里指突然停火，水蒸气也就无从产生，糕就容易蒸夹生了。

② 布：笼布。

③ 疎（shū）：同“疏”。

和粉，捏作碎块，排布粉内。候熟，搦成剂，切作片。

【译】用四升粳米、半升糯米，在春秋的天气泡上一两天，再捣碎成细粉。蒸的时候用糖和粉，捏成碎块，分布在米粉里。等熟了，揉成剂子，切成片。

裹蒸

糯米淘净，蒸软熟，和糖拌匀，用箬叶裹作小角儿，再蒸。

【译】糯米淘洗干净，蒸到软且熟，与糖一起拌匀，再用箬叶裹成小角儿，再蒸一次。

香头

砂糖一斤，大蒜三囊，大者切作三分，带根葱白七茎、生姜七片、射香[1]如豆大一粒，各置各件瓶底，次置糖在上，先以花箬扎之，次以油单纸封，重汤内煮周时，经年不坏。临用，旋取少许便香。

【译】一斤砂糖，三袋大蒜，大的切成三份，带根的葱白七根、生姜七片、豆子大小的麝香一粒，各放在各的瓶底，把糖放在它们上边，先用花箬扎上，再用油单纸封好，隔水蒸煮上一昼夜，一年都不会坏。等到用的时候，取一点儿放上就会特别香。

夹砂团

砂糖入赤豆或绿豆砂，捻成一团，外以生糯米粉裹作大

① 射香：即麝香。

团，蒸或滚汤内煮。

【译】砂糖与赤豆沙或者绿豆沙，捻搓成一团，外面用生糯米粉裹成一个大团，蒸或开水里煮熟即可。

粽子

用糯米淘净，夹枣、栗、柿干、银杏、赤豆以茭叶[①]或箬叶裹之。

【译】糯米淘洗干净，在米中夹上枣、栗子、柿干、银杏、赤豆，用菰叶或箬叶裹起来即可。

（粽子）又法

以艾叶浸米裹，谓之“艾香粽子”。凡煮粽子必用稻柴灰淋汁煮，亦有用许些石灰煮者，欲其茭叶青而香也。

【译】用艾叶和米放水中浸泡，然后再裹成粽子，叫作“艾香粽子”。只要是煮粽子一定要用稻柴灰淋上汁煮，也有加少许石灰煮的，为的是让茭叶青而且香。

① 茭叶：菰叶。

汤饼类

燥子肉面[①]

猪肉嫩者，去筋皮外，精肥相半，切作骰子块，约量水与酒煮半熟。用胰脂研成膏，和酱，倾入，次入香椒、砂仁，调和其味得所。煮水与酒不可多，其肉先下肥，又次下葱白，切肉块不可带青叶[②]，临锅时调绿豆粉作糨[③]。

【译】用嫩猪肉，去掉筋皮，肥瘦各一半，切成骰子块，用适量水、少许酒把肉煮到半熟。把猪胰脂研磨成膏状，与酱拌在一起，倒入肉汤里，再加入香椒、砂仁，调好味道。煮肉的水和酒不能太多，肉要先下肥的，然后下葱白，切肉块不能带进葱叶，临出锅时用绿豆粉勾芡。

馄饨

白面一斤、盐半两，和如落索面，更频入水，搜和为饼剂。少顷，操百十遍，拙[④]为小块，擀开、绿豆粉为粰，四边要薄，入馅，其皮坚。膔脂不可搭在精肉[⑤]，用葱白，先以

① 燥子肉面："肉丁盖浇面"。燥子，亦作"臊子"。下面介绍的只是肉丁的制法。

② 切肉块不可带青叶：本句文字上疑有错漏。大意是，在将肉块切成肉丁时要放葱白同斩，不能放老葱的青叶。

③ 糨（jiàng）：即浆糊之浆，调液。这里指用绿豆粉勾芡。

④ 拙（dī）：拉扯下的意思。方言。

⑤ 膔（lù）脂不可搭在精肉：肥膘和油脂不要和瘦肉混在一起。膔，为"膹（fén）"之误。膹，"膘"的异体字。从本句开始介绍馄饨的制法。

油炒熟，则不荤气，花椒、姜末、杏仁、砂仁、酱，调和得所，更宜笋菜、煠过莱菔①之类，或虾肉、蟹肉、藤花、诸鱼肉尤妙。下锅煮时，先用汤搅动，一条篠在汤内②，沸则频频洒水，令汤常如鱼津③样滚，则不破其皮而坚滑。

【译】一斤白面、半两盐，和成像落索面一样，频繁往面里加水，揉成饼剂子。稍微放置一会儿，再揣上百十来遍，揪成小块，擀开，拿绿豆粉作为粹，擀开的皮四边要薄，放进馅时皮要结实。制作馄饨馅儿时，肥膘肉不能和瘦肉混在一起，加葱白，先放在油里炒熟，这样就不会有肉的荤气，最后加入花椒、姜末、杏仁、砂仁和酱调味，如果能加进去笋菜和炸过的萝卜就更好了，或把虾肉、蟹肉、藤花、各种鱼肉拌进去，味道会更好。下锅煮的时候，先用一根小竹棍在汤里搅动，使汤旋转。水开后频频点水，让汤始终像鱼吐泡儿一样大开，这样馄饨皮儿就不会破了，而且非常结实嫩滑。

水滑面

用十分白面揉搜成剂。一斤作十数块。放在水，候其面性发得十分满足，逐块抽拽，下汤煮熟。抽拽得阔薄乃好。麻腻、杏仁腻、咸笋干、酱瓜、糟茄、姜、淹韭、黄瓜丝作齑头④，或加煎肉尤妙。

---

① 莱菔：萝卜。

② 一条篠在汤内：用一根小竹枝在汤中搅动，使汤旋转。篠，即“筱”（xiǎo），小竹子。

③ 鱼津：鱼儿吐的泡泡。津，原指唾液。

④ 齑头：此处指“浇头”。

【译】用好的白面揉成剂。一斤面做成十几块剂。放在水里，等到面充分醒发了，一块一块抽拽开，放进水里煮熟。拽得越宽越薄越好。用麻泥、杏仁泥、咸笋干、酱瓜、糟茄、姜、腌韭、黄瓜丝做成浇头，或者加上煎肉味道更好。

索粉

每干粉一斤，用湿粉二两，打成厚浆，放镟[1]中。添滚汤一次解薄，便连镟子放汤锅内煮之。取出，不住手打搅，务要稠腻。如此数次，候十分熟。大概春夏浆宜稍厚，秋冬宜薄，以筯锹起成牵丝，垂下不断方好。候温，和干粉成剂。如索不下，添些热汤，如大注下，添些调匀[2]。团在手中，搓索下滚汤中，浮起便捞在冷水中，沥干，随意荤素浇供。只用芥辣尤妙。

【译】每一斤干面粉，用湿面粉二两，一并打成厚浆子，放进旋子里。加一次开水把浆澥薄，然后连旋子一起放到汤锅里煮。取出来以后，要不停手地搅动，一定要让浆子变得稠腻。这样做几次以后，浆就煮得熟透了。春夏季的时候浆要厚一点，秋冬季则要薄些，用筷子揪起来能挑成线丝，垂下来不断就可以了。等温凉了，和干面粉一起揉成剂。如果线丝挑不下来，再加点热水，如果水加得多，就添些面粉调匀。团在手里搓成条下在热水中，等到条子浮起来就捞出，用冷水过凉，沥干水分，随便加上荤或素的浇头就可以吃了。只用芥辣当浇头更好吃。

---

① 镟（xuàn）：旋子，温酒的器具。也作蒸炖食品等用。

② 添些调匀：添些干粉调匀。疑本句漏一“粉”字。

斋食类

造粟腐

罂粟[1]和水研细，先布后绢滤去壳，入汤中，如豆腐浆下锅。令滚，入绿豆粉搅成腐。凡粟二分，豆粉一分。“芝麻腐”同法。

【译】用罂粟加水一起研细，先用布后用绢滤掉壳，放进热水里，就像豆腐浆下锅一样。让它烧开，放进绿豆粉搅成腐状。每两份粟，就加一份绿豆粉。“芝麻腐”和这个做法一样。

麸鲊[2]

麸切作细条，一斤[3]，红曲末染过。杂料物一斤，笋干、萝卜、葱白皆切丝，熟芝麻、花椒二钱，砂仁、莳萝、茴香各半钱，盐少许，熟香油三两，拌匀供之。

【译】将一斤面筋切成细条，用红曲末染好。杂料物（配料）一斤，即切成丝的笋干、萝卜、葱白，另加熟芝麻

---

① 罂粟：二年生草本植物，全株有白粉，叶长圆形，边缘有缺刻，花红色、粉色或白色，果实球形。果实未成熟时划破表皮，流出汁液，用来制取阿片。果壳可入药，有镇痛、镇静和止泻作用。

② 麸鲊：面筋鲊。麸，麸筋（面筋）的省称。鲊，指腌制的鱼，亦指用米粉、面粉等加盐和其他作料拌制的菜，可以贮存。这里麸鲊的制法略有变化。

③ 一斤：指用一斤面筋。

和花椒各二钱、半钱砂仁、半钱莳萝、半钱茴香、少许盐、三两熟香油，一并搅拌均匀就可以食用了。

煎麸

上笼麸坯，不用石压，蒸熟。切作大片，料物、酒、浆煮透，晾干。油锅内煎浮用之。

【译】把麸坯放到蒸笼里，不用石头压，蒸熟。切成大片，连同调料、酒、浆一并煮透，晒干。放进油锅里煎至浮起来就可捞出食用。

五辣酱①

酱一匙，醋一觥，沙糖少许，花椒、胡椒各五十粒，生姜、干姜各一分，砂盆内研烂。可作五分供之。一方，煨葱白五分，或大蒜少许②。

【译】一匙酱，一盏醋，少许沙糖，花椒、胡椒各五十粒，生姜、干姜各一分，一并放到砂盆里研磨烂。可分成五份备用。另有一个方子，即在酱中加五分煮过的葱白，或者少许大蒜。

① 五辣酱：原目录该条为“五辣醋”。细审内容，以“五辣酱”为宜。

② 煨葱白五分，或大蒜少许：指在酱中加五分煮过的葱白，或者少许大蒜。

果实类

糖桔

洞庭[1]塘南桔一百个，宽汤煮过，令酸味十去六七。皮上划开四五刀，捻去核，压干，留下所压汁和糖二斤，盐少许，没其桔，重汤顿之。日晒，直至卤干乃收。

【译】准备一百个洞庭山塘南橘，用大锅水煮好，使橘子的酸味去掉六七成。在外皮上划开四五刀，把橘子核捻出来，压干橘子的水分，留下压出来的汁和二斤糖拌在一起，加少许盐，没过橘子，隔水蒸煮。蒸好以后放在太阳下晒，直到橘子上的卤汁干透，再收贮起来。

（糖桔）又法

只用盐少许，以甘草末，略以汤浸其桔。取起，觟干。以火熏之。

【译】只用少许盐，加上甘草末，让水略微没过橘子，腌制。之后取出，晾干。用火熏。

糖林檎[2]

林檎每个横切四片，去心压干。糖少许拌匀，蒸过，晒干收。

---

① 洞庭：指太湖中的洞庭山。这里是著名的产橘之地。《山海经》：“洞庭之山其木多橘柚。”

② 林檎（qín）：即“花红”。果实球形，像苹果而小，黄绿色带微红，是常见的水果。

【译】每个林檎果横着切成四片，去掉果心压干。加少许糖拌匀，蒸好，晒干后收贮起来。

（糖林檎）又法

攕[①]去皮，用甘草、花椒、茴香末拌匀，蒸过，晒干。

【译】林檎去皮，用甘草、花椒、茴香末拌好，蒸熟，晒干。

糖脆梅

官成梅一斤。此梅肉多核，小圆者佳。飞盐[②]一两，白矾半两，量水调匀，下缸，浸梅子没至背，五六日后梅黄，量数漉出[③]，以水淋盐矾去气味尽[④]。每个切去核，再下白水浸一宿，令味淡。若尝得味酸，再换水浸至淡。滚汤焯过，沥干。滚糖浆，候温，浸一宿漉出。再将糖浆滚热，焯过，沥干。待梅并糖浆温并浸梅在糖浆内。如浆浓，则可久留，温则梅不皱。煮须如此，再漉再浸，三五次则佳矣。

【译】准备一斤官成梅，这种梅子以肉多核小而且形状圆的为好。用一两细盐、半两白矾加入一定量的水里调匀，放到缸里，让梅子淹没到一多半即可，五六天后梅子黄了，全部捞出来。用水淋洗梅子，洗掉梅子上的盐水、矾水，逐

---

① 攕：疑为“攕（xiān）”，原有擦、拭之意，这里指将林檎的皮削去或刮去。

② 飞盐：一种极细的盐。

③ 漉（lù）出：捞出梅子。漉，这里有滤的意思。

④ 水淋盐矾去气味尽：用水淋洗梅子，洗掉梅子上的盐水、矾水，逐渐把梅子肉中的盐、矾气味洗尽。

渐把梅子肉中的盐、矾气味洗尽。切掉每个梅子的核，再放白水里浸泡一夜，让它味道变淡。如果尝着酸，再换水泡，直到味变淡为止。开水焯一下，控干水分。把糖浆烧开，至温凉后，泡进梅子，一夜后捞出。再把糖浆烧开，将梅子焯水，控干水分。等梅子和糖浆都温凉了，再泡梅子。如果糖浆太浓，时间可以再放长一些，糖浆是温的，梅子表皮才不起皱。用这个办法煮，反复沥干反复浸泡，将梅子在糖浆中浸泡三五次才达到最好。

糖杨梅

杨梅新摘者三斤，滚汤焯过三次，沥干。沙糖二斤。荡罗[①]内排杨梅一层，次排头刀薄荷一层，如此排尽[②]。蒸透，晒之，后出在磁器，晒到七八分干为度。如遇雨天则焙之。其洋下糖汁[③]再入杨梅，以干收之。

【译】用三斤新摘的杨梅，用开水焯上三次，控干水分。准备二斤沙糖。在荡罗里第一层码放杨梅，第二层码放头刀薄荷。就像这样，一层杨梅一层薄荷地码放，一直到杨梅码放完为止。蒸透，取出放在瓷器里，晾晒，晒到七八成干为准。遇到雨天就用火焙。糖汁溶化了以后再放杨梅，等干了就可以收贮了。

① 荡罗：一种盛器。

② 如此排尽：就像这样，一层杨梅一层薄荷的码放，一直到杨梅码放完为止。

③ 洋下糖汁：溶化了的糖汁。洋，为“烊”之误。

蜜梅

极脆青梅一斤，盐一两、矾半两，浸梅如前“糖脆梅”法。去其酸味，投蜜中，三五次换蜜。其梅下蜜[①]还可作汤用。

【译】选取一斤特别脆的青梅、用一两盐、半两矾，像之前“糖脆梅”的方法一样浸泡，去掉酸味，放进蜜里，在蜜中反复浸泡三五次。浸泡过梅的蜜还可以在做汤的时候再用。

灌藕

大茎生藕，取中段，用琼芝[②]煎汤，调沙糖灌入其孔内，顶上半寸许油纸扎定，放水缸内。鱼鳞煎汤尤佳，可入“香头”。熟藕，用绿豆粉浓煎糖汤，生灌藕孔中，依前法扎定，蒸熟。

【译】挑选大个儿的生藕，只要中段，用琼脂煮汤，把沙糖塞进藕孔里，两端用半寸左右的油纸捆好，放到汤里煮。用鱼鳞煮汤更好，可放“香头”调味。也可以用熟藕，将煮开的糖水用绿豆粉勾芡灌进藕孔中，按照前面的办法一样捆好，上锅蒸熟。

甘豆糖

大黑豆半升，浸一宿，烘干。白水煮熟，留下豆汁。再以稻草灰淋一两杓，入些许碱，再煮至十分酥美。冷水拨净

---

① 梅下蜜：即腌渍梅的蜜。

② 琼芝：即“琼脂”。植物胶的一种，用海产的石花菜类制成，无色，无固定形状的固体，溶于热水。也叫石花胶，通称洋菜或洋粉。

三四次。元汁和浓糖浇供。

【译】将半升大黑豆浸泡一夜，烘干。用白水将黑豆煮熟，留下煮豆的汁。淋上一两勺稻草灰，加少许碱，再将豆子煮到非常酥。将煮酥的黑豆在冷水中拨动、洗净，洗上三四次。吃的时候，取原汁（之前留下的煮豆的汁）加入浓糖浇在黑豆上。

凉豆

马豆[①]一升二合，拣去小者，水淘净，烘干。剥头灰汁[②]。砂锅内入生姜二小块，切片，淡竹叶一把，不解把[③]，茭白二块，搥碎，炭火煮。逐旋入灰汁，煮酥烂为度。漉起，以水淋净入锅。宽着水，煮三五次，沸又再换水，白芷三块煮，以豆无灰气为度。漉干。别以好糖一斤，足秤，水一小碗，熬糖三四沸，滤柤[④]。先以糖三分之一和汤一半，砂锅内熬浓，待温入豆。微以火温之，不令至热。如此三两时，却漉豆令干。别温所留二分糖，令热入豆。

入香法：射香少许，入生姜汁三两，滴磨于盛豆之器底，即热糖并豆投之，密覆，勿令泄气。报法如过一二日漉

---

① 马豆：喂马的料豆，有黑豆、豌豆等。

② 剥头灰汁：似以稻草灰煮汁之意。

③ 淡竹叶一把，不解把：淡竹叶一把，把子不要解开。淡竹叶，俗名“竹叶麦冬”。禾本科。多年生草本，须根稀疏，其中根部可膨大呈纺锤形的块根。可以入药，性寒、味甘淡，有清热利尿的功用。

④ 滤柤（zhā）：滤去渣。柤，同“樝（楂）”，为“渣”之误。

豆起，令干。却入以元糖汁，随意多少，加糖再熬数次，候糖温入豆，复浸。移时再漉出，熬如前，候糖温入豆。若有余，每用前法熬之，日一次。

【译】喂马的料豆一升二合，挑出小的，用水洗净，烘干。用稻草灰煮汁。砂锅里放入切成片的两小块生姜，一把淡竹叶，把子不要解开，两块捶碎的茭白，在炭火上煮。一下下地搅拌着加入灰汁，煮至酥烂为准。捞出来，用水冲干净，放进锅里。多放水，煮三五次，开了再换水，可以放三块白芷一起煮，让豆子没有灰气就好了。捞出控干，另外准备一斤足秤的好糖、一小碗水，把糖熬开三四次，滤出渣。先用三分之一的糖和一半的水，在砂锅里熬浓，等水温了加入豆子。以小火温着，不要太热。这样过两三个时辰，捞出豆子控干。另外温剩下的三分之二的糖，等热了以后加入豆子。

加麝香的方法：少量麝香，放进三两生姜汁，滴在盛豆容器的底部，趁热将糖和豆一起放进去，密封，不能漏气。过一两天把豆子捞出来，控干。随意加入之前的原糖汁，加些糖再熬几次，等糖水温下来加豆，再泡。过段时间再捞出来，像之前一样再熬，等糖水温了再放豆。时间如果充裕，每次都像前面的办法一样熬，每天一次。

盐豆

大新黄豆一升，淘净。先以白盐三钱、甘草三钱、乌梅[1]一钱煎浓汁，去柤停冷[2]。再温，量分多少许[3]，浸豆至半生半熟。余汤下锅子，齐平，猛火烧至汤干，更于火上焙之。

【译】将一升大个的新黄豆，洗干净。先用水加三钱白盐、三钱甘草、一钱乌梅煮成浓汁，去掉渣滓放凉。再温一下，把汁按需分份，将豆子泡到半生半熟的状态。用剩下的水下锅煮豆，水要与豆相平猛火烧到汤干，再放火上烘烤。

麻糖

芝麻一升、沙糖六两、饧糖[4]二两、炒面四两，更和薄荷末少许，搜搦成剂。切片。凡熬糖，手中试其稠粘有牵丝方好。

【译】用一升芝麻、六两沙糖、二两糖稀、四两炒面，再加上少许薄荷末，一并揉揣成剂子。切成片状。熬糖的时候，用手试试黏稠度，有牵丝出现才好。

炒爛

大黄豆淘净，炒过，勿令焦。去壳磨末如粉细，入干沙糖拌匀。重筛过，入“香头”少许。候糖性来[5]，木脱如银杏者脱之[6]。糖用白沙糖尤好。脱子用角雕者[7]，则脱滑。

---

① 乌梅：用青梅熏制而成，因其外皮呈黑褐色，所以叫乌梅。有收敛止泻、止咳及驱蛔等功效，还能生津解渴。

② 去柤停冷：去掉渣滓后放一会儿，使汁变冷。

③ 量分多少许：把汁按需分份（一部分用来泡豆，一部分用来煮豆）。

④ 饧糖：这里指糖稀。

⑤ 候糖性来：指糖溶化了。

⑥ 木脱如银杏者脱之：用像银杏一样的木模装糖、豆粉，压制成型后再倒出来。

⑦ 脱子用角雕者：（如果）模子是用牛角一类雕成的。

【译】将大黄豆洗干净，炒熟，注意别炒煳了。去掉外壳磨成像粉一样细的末，加干沙糖拌匀。重新筛一次，放进一点“香头”。等糖化了，用像银杏一样的木模子压成型再倒出来。糖最好用白沙糖。如果模子是用牛角一类雕成的，反而更容易脱模。

玛瑙团

砂糖三斤半、白面二斤、胡桃仁十两。先用糖一斤半、水半盏和面炒熟。次用糖二斤，水一盏溶开，入前面在内再炒。候糖与面做得丸子，拌胡桃肉，搜匀作剂，切片。

【译】准备三斤半砂糖、二斤白面、十两胡桃仁。先用一斤半糖、半盏水和面，和好后炒熟。再把二斤糖用一盏水溶化开，与前面的炒面混合后再炒。将糖和面做成小丸子，拌上胡桃肉，揉匀了做成剂，再切片。

糖姜

嫩姜一斤，汤煮去其辣味六七分，沙糖四两煮六七分开，再换糖四两煮干。如嫌味辣，再依前煮一次。其煮剩糖汁，留下调汤。

【译】准备一斤嫩姜，用开水煮，去掉六七分辣味，再加入四两沙糖煮到六七分开，再加四两糖煮到干。如果嫌姜味太辣，按前面的方法再煮一次。煮剩的糖汁，可留下在做汤时调味用。

荆芥糖

荆芥[①]连细枝梗，扎如花朵样，膏子糖[②]一层，炒芝麻一层，焙干。薄荷同法。

【译】荆芥连着细枝梗，扎成花朵一样，放入一层糖稀和一层炒芝麻，烘烤干。薄荷糖的做法也是如此。

松花饼

新松花细末[③]，白砂糖和匀，筛过，搜其性润来[④]，随意作脱脱之。或入"香头"少许尤妙。

【译】将新松花粉加入白砂糖，拌匀，筛一次，把它们搅拌得润滑了，用任意模子造型即可。或者加少量"香头"味道更好。

糖煎冬瓜

冬瓜一斤，老者，切如刀股段，去皮、穰。用水一桶，将瓜在内。以石灰一捻，浸少时漉出，沥水尽。却入沙糖一斤半，同冬瓜入锅内熬，令水尽将出，晒干带琥珀色，收之。

【译】将一斤老冬瓜，切成刀股段，去掉皮和瓤。取一桶水，投少许石灰，把瓜放进去，浸泡一会儿，捞出来，控干水分。将一斤半沙糖同冬瓜一起入锅熬制，将水熬干，取

---

① 荆芥：是一种属于唇形科的多年生植物。可入药，用茎、叶和花穗。有发汗、退热、祛风等功效。

② 膏子糖：糖稀。

③ 松花细末：松花粉。为松科植物马尾松或其同属植物的花粉。色淡黄、质轻、微香，手捻有滑润感。有祛风益气、收湿、止血等功效。宋《山家清供》记有"松黄饼"，或亦即此饼。

④ 搜其性润来：指把松花粉和糖搅拌得润滑起来。

出晒制，将冬瓜晒干呈琥珀色，即可收贮起来。

熏杨梅

大杨梅，置竹筛，放缸内。下用糠火熏，缸上用盖，以核内仁熟为度。入瓮时，每一百个用盐四两，层层掺上，则润而不枯。桔子同法。

【译】选取大个杨梅，放在竹筛里，然后放入缸内。下面用糠燃火熏制，缸上要盖好盖子，熏至杨梅核熟了为止。放进瓮里的时候，每一百个加入四两盐，一层层掺好，杨梅就会润泽且不干枯。橘子的熏法同此法一样。

桃杏干

桃、杏用汤入盐少许略焯过，晾干水，蒸而晒之。一枚切作三四片。

【译】桃、杏用加少许盐的开水略焯一下，晾干水分，再蒸熟晒干。每个切成三四片。

蜜橙

脆橙每个划作四稜[1]，煮去七八分酸水，压匾[2]浸蜜中，重汤顿。令干晒收贮。仍先捻去核方煮，晒时居[3]卤干。

【译】把每个脆橙子切成四角状，用水煮掉七八分的酸味，压扁后浸泡在蜜里，隔水蒸煮。晒干，收贮起来。要捻掉核后蒸煮，晒的时候要一直等到卤汁干了。

---

① 四稜（léng）：这里为四角的意思。

② 压匾：压扁。匾，疑为“扁”之误。

③ 居：有停之意。这里为一直等到的意思。

诸汤类

青脆梅汤

用青消梅三斤十二两，生甘草要四两、炒盐一斤、生姜一斤四两、青椒三两、红椒半两，去核擘开两片。大率“青梅汤”家家有方，其分两①亦大同小异。初造之时，香味亦同，藏至经月，便烂熟如黄梅汤耳。盖有说焉②。一者青消梅须在小满前采，捶碎核去仁，不得犯手，用干木匙拨去，打拌亦然。捶碎之后，摊在筛上，令水略干。二用生甘草。三用炒盐，须待冷。四用生姜，不经水浸擂碎。五用青椒，旋摘良干。前件一齐炒拌，仍用匙抄入新瓶内，止可藏十余盏汤料者③。乃④留些盐掺面上，用双重油纸扎紧瓶口。如此方得一“脆”字也。梅与姜或略犯手，切作丝亦可。

【译】准备青消梅三斤十二两，要配生甘草四两、炒盐一斤、生姜一斤四两、青椒三两、红椒半两，青消梅要去核劈成两片。“青梅汤”每家都有制作的方子，用料都大同小异。刚做的时候，香味也都一样，贮藏过一个月，就烂熟得像黄梅

① 分两：分量。两，为“量”之误。这里指用料的分量。

② 盖有说焉：大概就有说法了。这里指要做好“青梅汤”是有窍门的。下面便介绍了注意事项。

③ 止可藏十余盏汤料者：指瓶子的容积，只可以收藏十多盏汤和料物。

④ 乃：疑为“仍”之误。

汤一样了。这时候就大概有个说法了。第一，青消梅要在小满前摘采，捶碎核去仁，不能用手碰，要用干木匙拨去，搅拌的时候也一样。捶碎之后，摊在筛子上略晒，让水分微干。第二，要用生甘草。第三，要用炒盐，盐要放凉。第四，要用生姜，不能用水泡，直接椿碎。第五，要用青椒，采摘后及时晾干。把以上这些食材一起拌炒，还是用木匙盛到干净的瓶子里，瓶子大小适度（瓶内只可装十盏汤和料）。留些盐撒在上面，用双重的油纸扎紧瓶口。这样才能得到一个“脆”字。梅与姜如果被手碰到了，就切丝也可以。

黄梅汤

肥大黄梅，蒸熟，去核，净肉一斤，炒盐四两，干姜、水姜末一钱半，甘草末一两半，花椒、茴香末随意，拌匀，置磁器中晒。

【译】将肥大的黄梅，蒸熟，去核。取一斤净黄梅肉，用四两炒盐、干姜和水姜末各一钱半、一两半甘草末，花椒和茴香末适量，拌匀，放在瓷器里晒。

凤池汤

乌梅去核留仁，一斤配甘草四两、炒盐二两，水煎成膏。一法：各等分三味，杵为末，拌匀，实按入瓶。腊月或伏中合[1]。半年后焙干为末。点汤服之，或用水煎成膏。

【译】乌梅去掉核留下仁，每一斤加四两甘草、二两

① 腊月或伏中合：指将乌梅、甘草、炒盐混合在一起时，应该在腊月或伏天里进行。

炒盐，用水熬成膏。另的一个做法：各等分三味，用杵椿成末，拌匀，按实放进瓶里。腊月或伏天里把食材混合。半年以后焙干成末。点在水里服用，或者用水熬成膏。

荔枝汤

乌梅肉四两，焙干，姜一两、甘草、官桂半两、沙糖二斤，除糖外为末拌匀。每盏汤内着荔枝肉三四个。

【译】将四两乌梅肉，焙干，准备一两姜、甘草和官桂各半两、二斤沙糖，除糖以外，其他原料均碾成末后拌匀。每盏汤里放上三四个荔枝肉。

桔汤

桔一斤，去皮和穰膜，以皮细切，同捣碎。炒盐四两、甘草二两、生姜四两，捣汁和匀。橙子同法。

【译】用一斤橘子，去掉皮和瓤膜，把皮切细，放在一起捣碎。将四两炒盐、二两甘草、四两生姜，捣成汁和橘子一起和匀。橙子汤做法与此一样。

杏汤

杏仁不拘多少，煮，去皮尖。浸水中一宿，如磨绿豆粉法挂去水。或加姜汁，或酥、蜜点。又杏仁三两、生姜四两、炒盐二两、甘草为末一两，同捣。

【译】杏仁适量，煮后去皮。水中浸泡一夜，像磨绿豆粉的方法一样挂去水。加姜汁也可以，用酥、蜜点一下也可以。另外的一种做法为，用杏仁三两、生姜四两、炒盐二两、甘草末一两，一并椿。

茴香汤

茴香、椒皮六钱，炒盐二钱、熟芝麻半升、炒面一斤，同为末。

【译】茴香和椒皮各六钱、炒盐二钱、熟芝麻半升、炒面一斤，一并碾成末。

梅苏汤

乌梅一斤半、炒盐一斤、甘草十两、紫苏叶十两、檀香半两、炒面十二两。

【译】乌梅一斤半、炒盐一斤、甘草十两、紫苏叶十两、檀香半两、炒面十二两。

缩砂汤

砂仁、甘草各一两、香附四两、炒盐二两。

【译】砂仁和甘草各一两、香附四两、炒盐二两。

木樨汤

木樨花[1]半斤、炒盐二两、甘草四两、檀香三钱、炒面半斤。

【译】桂花半斤、炒盐二两、甘草四两、檀香三钱、炒面半斤。

枣汤

干枣一斤，去核，生姜半斤、炒盐二两、甘草、陈皮各

① 木樨花：桂花。

一两，同捣成膏。

【译】一斤去核的干枣、半斤生姜、二两炒盐、甘草和陈皮各一两，一并捣成膏状。

瑞香汤

山药四两、乌梅一两、甘草一两、丁皮、木香各一钱，为末。

【译】山药四两、乌梅一两、甘草一两、丁皮和木香各一钱，一并碾成末。

桂仙汤

木樨花，不犯手，筛去梗叶，半斤。炒盐一两二钱半，和花捺实罐中，封数日取出，擂细。甘草末四两，滚汤一茶钟泡，以手和如面，放磁器中蒸百沸。炒盐一斤，右三味先将膏与盐和了，次入木樨末，放罐中和之，作末，或加汤作膏子。香澄汤同法。

【译】选出半斤桂花，别用手去碰，筛掉梗叶。炒盐一两二钱半，和花一起在罐里按实，封几天取出来，椿得很细。取四两甘草末，用开水冲泡一茶盅，用手把甘草末和炒盐和得像面一样，放到瓷器里开锅蒸制成膏。再选一斤炒盐，前面的三味食材先将做成的膏和炒盐混和在一起，再放进木樨末，放罐里一起搅拌，做成末，或者加水做成膏。香澄汤的做法和这个方法一样。

紫云汤

甘草、良姜、桂皮各二两，砂仁、干姜、甘松各一两，檀香半两，以水浓煎，去渣，和盐，调和其味得所。一方：良姜半斤切碎，香油炒焦黄，茴香半斤炒黄，甘草四两、炒盐十二两。

【译】准备甘草、良姜、桂皮各二两，砂仁、干姜、甘松各一两，檀香半两，一并放到水里将汤汁煮至浓稠，去掉渣子，加少许盐，调好味道即可。另一种方法：半斤良姜切碎，用香油炒至焦黄，半斤茴香也炒黄，再加甘草四两、炒盐十二两。

诸茶类

末茶

新嫩茶芽五十两、绿豆、山药各一斤。

【译】新嫩茶芽五十两、绿豆和山药各一斤。

（末茶）又方

好茶十斤、绿豆粉四斤、苦参四两、甘草三两。

【译】好茶十斤、绿豆粉四斤、苦参四两、甘草三两。

腊茶

江茶三钱，脑子[①]三钱，射香半分，百药煎[②]、檀香、白豆蔻[③]各二分半，甘草膏、糯米糊成剂，捏片子，切作象眼块。

【译】江茶三钱、冰片三钱、麝香半分、百药煎和檀香及白豆蔻各二分半，与甘草膏、糯米糊调和成膏剂，捏成片状，再切成象眼块。

---

① 脑子：龙脑，即“冰片”。味辛苦，性微寒，气极芳香。有开窍醒脑、清热明目等功效。

② 百药煎：中药“五倍子”的制剂。功效与“五倍子”相同，味苦酸、性平，能收敛、杀虫，亦能除风热。

③ 白豆蔻（kòu）：属于姜科的多年生常绿草本植物。花叫豆蔻花。果实叫白豆蔻。其味芳香，有健胃、促进消化、化湿、止呕等功效。

（腊茶）又方

建宁茶二两、孩儿茶[1]二两半、脑子一钱、射香二分，甘草膏成剂；更以茶末半两，入脑射少许，作饼，擀成薄片。

【译】建宁茶二两、孩儿茶二两半、脑子（冰片）一钱、麝香两分，与甘草膏一并做成剂子；再用半两茶末，加入少许脑子、麝香，先做成饼，然后再擀成薄片。

香茶

孩儿茶四钱、芽茶四钱、檀香一钱二分、白豆蔻一钱半、射香一分、砂仁五钱、沉香[2]二分半、片脑四分，甘草膏和糯米糊搜饼。

【译】孩儿茶四钱、芽茶四钱、檀香一钱二分、白豆蔻一钱半、麝香一分、砂仁五钱、沉香二分半、片脑四分，与甘草膏、糯米糊调和后做成饼状。

（香茶）又法

孩儿茶末、茶各一两、片脑半钱、射香一钱半、甘草一钱、寒水石[3]半两，甘草膏为剂，和匀入脱脱印[4]。须用胡桃

---

① 孩儿茶：简称“儿茶”。味苦涩，性微寒，有燥湿、清热、收敛等功用。

② 沉香：沉香树木质中偶有黑色芳香性的脂膏凝结，木质因此变化而重量增加，气味芳香，放在水中能下沉，即是沉香。有行气止痛、降气止呕及平喘等功效。

③ 寒水石：又名“凝水石”。味辛咸，性大寒。有清热泻火、除烦止渴的功效。亦能利尿凉血。

④ 入脱脱印：放入模子印制。

油涂抹则易脱。

【译】孩儿茶末和茶各一两、片脑半钱、麝香一钱半、甘草一钱、寒水石半两，以甘草膏为冲剂，搅和均匀后放到模子里印制。制作前需把胡桃油涂抹在模子上，做好后更容易脱模（从模子中脱滑出来）。

（香茶）又一法

只用熬熟香油，用刷儿刷之脱滑。又须众手成造，必须腊月造，甘草膏稠之[1]方好，寒水石用一两尤妙。

【译】只用熬制熟了的香油，用刷子刷到模子里容易脱滑了。又要许多人一起做，一定要在腊月里做，用甘草膏调和最好，加一两寒水石就更好了。

法制芽茶

芽茶二两一钱作母，豆蔻一钱、射香一分、片脑一分半、檀香一钱细末，入甘草内缠之。

【译】用二两一钱芽茶作为母茶，加豆蔻一钱、麝香一分、片脑一分半、檀香一钱一并磨成细末，放进甘草里缠裹起来。

① 稠之：调和之。稠，为“调”之误。

食药类

透顶香

孩儿茶、芽茶各四钱，白豆蔻、射香各一钱五分，檀香一钱、片脑一钱四分，甘草膏子丸[1]。

【译】孩儿茶和芽茶各四钱、白豆蔻和麝香各一钱五分、檀香一钱、片脑一钱四分，用甘草膏将上述各味调和，制成丸状。

硼砂丸

片脑五分、射香六分、硼砂[2]五分、寒水石六两，甘草膏丸。硃砂[3]一钱五分为衣。

【译】片脑五分、麝香六分、硼砂五分、寒水石六两，用甘草膏将上述各味调和后，制成丸状。再取一钱五分朱砂制成丸药的外衣。

丁香煎丸

丁香[4]、白豆蔻、砂仁、香附各二钱半，沉香、檀香、

---

① 甘草膏子丸：用甘草膏将上述各味调和，然后制成丸状。丸，这里作动词，制丸。

② 硼砂：味辛咸，性寒，有清热解毒化痰的作用，是口腔病和喉科的主要用药。

③ 硃砂：朱砂。属于汞矿物中的矿石，呈深红色，故名，又叫丹砂。其味苦，性微寒，有镇静、安神的功效，又有解毒、防腐的作用。可以做丸药的外衣，能防止丸药霉腐变质。

④ 丁香：属于桃金娘科，常绿乔木，花蕾及果实作药用。花蕾叫公丁香，果实叫母丁香。性温、味辛，有温胃、降逆作用。

毕澄茄[1]各六分，片脑二分半、甘松一钱二分，用甘草膏丸。

【译】丁香、白豆蔻、砂仁、香附各二钱半，沉香、檀香、毕澄茄各六分，片脑二分半，甘松一钱二分，用甘草膏将上述各味调和后，制成丸状。

甘露丸

百药煎[2]一两、甘松[3]、柯子[4]各一钱二分半、射香半分、薄荷二两、檀香一钱六分、甘草末一两二钱五分，水拨丸[5]。晒干，用甘草膏子丸，入射香为衣。

【译】百药煎一两、甘松和诃子各一钱二分半、麝香半分、薄荷二两、檀香一钱六分、甘草末一两二钱五分，用水将上述各味调和，制成丸状。晒干，再用甘草膏团成小丸，用麝香做丸药的外衣。

豆蔻丸

木香[6]、三赖、檀香、蓬术[7]各一钱二分，丁皮七钱，姜

---

① 毕澄茄：荜澄茄，胡椒科。中医学上以干燥果实入药，性温、味辛，功能温中、降逆。

② 百药煎：中药。是由五倍子和茶叶经过发酵成的块状物。

③ 甘松：败酱科植物甘松或匙叶甘松的根及根茎。辛、甘、温。

④ 柯子：即诃子（诃黎勒）。诃子味苦酸，性平。能涩大肠。止久痢，治久泻、肛门下脱。又治有痰的久咳、气喘、失音，能起敛肺降火的作用。柯为“诃”之误。

⑤ 水拨丸：水泛为丸。本书中一般写为“水发丸”，此处“拨”为“发”之误。而“发”又可用为“泛”。

⑥ 木香：菊科植物木香或川木香。辛、苦、温。

⑦ 蓬术：蓬莪术。即莪术。多年生草本，地下有粗壮匍匐根状茎和根端膨大呈纺锤状的块根。中药上以块状茎入药，性温、味苦辛，有破血散瘀的功效。

黄、甘松、藿香、香附各三钱，唐求[1]八钱，陈皮半两，十夏[2]、甘草各一两五钱，白豆蔻二两，净取一两五钱为母，水发丸。

【译】木香、三赖、檀香、莪术各一钱二分，丁皮七钱，姜黄、甘松、藿香、香附各三钱，山楂八钱，陈皮半两，半夏和甘草各一两五钱、白豆蔻二两，净重一两五钱作为药母，用水将上述各味调和，制成丸状。

橄榄丸

百药煎五钱、乌梅八钱、木瓜、干葛各一钱、檀香五分、甘草末五钱，水发丸。晒干，甘草膏为衣。

【译】百药煎五钱、乌梅八钱、木瓜和干葛各一钱、檀香五分、甘草末五钱，用水将上述各味调和，制成丸状。晒干，用甘草膏做成丸药的外衣。

法制豆蔻

白豆蔻一两六钱、脑子一分、射香半分、檀香七分五厘，甘草膏、豆蔻作母，脑、射为衣。

【译】白豆蔻一两六钱、冰片一分、麝香半分、檀香七分五厘，甘草膏和豆蔻作为母药，用冰片、麝香做成丸药的外衣。

① 唐求：即“棠梂子”，山楂的别名。

② 十夏：疑为“半夏”之误。

荜澄茄丸

木香、三赖、蓬术、檀香各一钱、丁皮六钱、姜黄、香附、藿香各三钱二分半、甘松、陈皮五钱二分半、唐求八钱。荜澄茄四两为母，甘草末八两，水发丸。

【译】木香、三赖、蓬术、檀香各一钱，丁皮六钱，姜黄、香附、藿香各三钱二分半，甘松、陈皮各五钱二分半、山楂八钱。荜澄茄四两作为母药，甘草末八两，用水将上述各味调和，制成丸状。

法制杏仁

杏仁二两四钱，炒，射香半分、檀香七分，甘草膏作缠。又以杏仁板、麸皮和，炒熟，去麸皮。乘热以甘草膏少许磁器内拌匀，火上焙干，与桃仁同。

【译】杏仁二两四钱，炒一下，麝香半分、檀香七分，同甘草膏搅匀。再用杏仁板、麸皮拌匀，然后炒熟，去掉麸皮。趁热用少许甘草膏在瓷器里拌匀，放到火上烘烤干。制作法制桃仁与此法相同。

法制桔红[①]

桔红四两作母，射香二分半、檀香三钱，甘草膏为衣。

【译】橘红四两作为母药，加入麝香二分半、檀香三钱，制成丸状，再用甘草膏做成外皮。

---

① 桔红：将橘皮剖开，它的外层红色的薄皮，叫作橘红（内层白皮，叫作橘白）。

醉香宝屑

茯苓半两，甘草一两二钱半，香附七钱半，陈皮一两，盐煮甘松、霍香、檀香各一钱二分半，丁皮二钱半，砂仁七钱半，白豆蔻半两，煎作咀[1]，同和一处。

【译】茯苓半两，甘草一两二钱半，香附七钱半，陈皮一两，盐水煮过的甘松、霍香、檀香各一钱二分半，丁皮二钱半，砂仁七钱半，白豆蔻半两，放在一起熬成咀片子，再团和到一起。

（醉香宝屑）又方

塘南桔皮一两，盐煮过，茯苓四钱、丁皮四钱、甘草末七钱、砂仁三钱，右件同捣匀，为咀片子。

【译】塘南橘皮一两，用盐水煮一下，准备茯苓四钱、丁皮四钱、甘草末七钱、砂仁三钱，一起捣匀，放在一起熬成咀片子。

煎甘草膏子法

粉草[2]一斤，剉[3]细，沸汤浸一宿。尽入锅内，满用水，煎至半，滤去渣，纽干，取汁。再入锅，慢火熬至二碗，换入砂锅炭火慢熬，至一碗以成膏子为度。其渣减水再煎三两次，取入头汁内并煎。

---

① 煎作咀：将上面各味药煎后，做成“咀片子”。“咀片子”，疑为嘴形的片状。

② 粉草：甘草。

③ 剉（cuò）：同“锉”，用钢制成的磨钢、铁、竹、木等的工具。

【译】一斤甘草，锉细，用开水浸泡一夜。将泡好的甘草全放到锅里，把水加满，煮到一半的时候，滤去渣滓，绞干，取出汤汁。再放到锅里，用慢火熬到剩两碗（大约可以装两碗汤汁）的样子，换到砂锅里用炭火慢熬，到剩下一碗以成为膏状为准。熬剩的渣滓去掉水分，再熬制两三次，要加入前边取出来的浓汁熬。

醒园录

〔清〕李化楠　撰

侯汉初
熊四智　注释

序

序

先大夫[①]自诸生[②]时，疏食菜羹，不求安饱。然事先大父母，必备极甘旨[③]。至于宦游[④]所到，多吴羹[⑤]酸苦之乡。厨人进而甘焉者，随访而志[⑥]诸册，不假抄胥[⑦]，手自缮写，盖历数十年如一日矣。

夫《礼》详《内则》。养老，有淳熬[⑧]淳母[⑨]之别；奉亲，有饴蜜滫瀡[⑩]之和。极之蜩[⑪]、范[⑫]蚳[⑬]、蝝[⑭]之细；芝、

---

① 大夫：清代高级文职阶官称大夫。此处乃称其父李化楠。

② 诸生：谓学官弟子也。秀才也称“诸生”。

③ 甘旨：美味。《韩诗外传》：“鼻欲嗅芳香，口欲尝甘旨。”

④ 宦游：古时出外做官游历各地，称宦游。

⑤ 吴羹：泛指江浙一带菜肴。

⑥ 志：记录。

⑦ 抄胥：指专做抄写工作的人。

⑧ 淳熬：《礼记·内则》：“煎醢加于陆稻上，沃之以膏，曰淳熬。”醢（hǎi），肉酱也。沃，浇上的意思。

⑨ 淳母：《礼记·内则》：“煎醢加于黍上，沃之以膏，曰淳母。”

⑩ 滫（xiǔ）瀡（suǐ）：调和饮食之法。《礼记·内则》：“滫瀡以滑之。”滫，泔（淘米水）。瀡，滑。

⑪ 蜩（tiáo）：蝉之总名。

⑫ 范：蜂。

⑬ 蚳（chí）：蚁卵。古代取以为酱，供食用。

⑭ 蝝（yuán）：蝗之未生翅者。

栭[1]、葱、渫[2]之微。枣烝、栗择、削瓜、钻梨之事，罔不备举。宁独大者轩[3]，细者脍，冬行鱻[4]，夏行腒[5]，委曲[6]详载尔乎。

夫饮食非细故也。《易》警腊毒[7]，《书》重盐、梅[8]。烹鱼，则《诗》羡谁[9]能。胹[10]熊，则《传》惩口实。是故，箴铭[11]之作，不遗盘盂[12]。知味之喻，更叹能鲜!误食蟛蜞[13]者，由读《尔雅》[14]不熟；雪桃以黍者，亦未聆[15]

---

① 栭（ér）：木上所生长之蕈类，泛指木耳之类。《礼记·内则》："芝栭蔆椇。"

② 渫（xiè）：《礼记》郑玄注："渫，烝（zhēng，同'蒸'）葱也。"

③ 轩：切肉大如藿叶曰轩。《礼记》："麋鹿田豕麕（jūn，成群）皆有轩。"

④ 鱻（xiān）："鲜"的异体字。鱼之新鲜者。

⑤ 腒（jū）：鸟类的干脯。

⑥ 委曲：详悉一事之底蕴，谓之委曲详尽。

⑦ 腊（xī）毒：腊，极也。《国语·郑语》："毒之酋腊者，其杀也滋速。"韦昭注："精熟为酋。腊，极也。"

⑧ 盐、梅：古代用盐与梅来作咸与酸的调味品。

⑨ 谁：此处作语助。

⑩ 胹（ěr）：煮。《左传》："宰夫传熊蹯不熟。"

⑪ 箴铭：箴是规戒性的韵文。铭，是刻在器物或石碑上的规戒、褒赞的韵文。名目虽异，劝告、规戒之意相同。

⑫ 盘盂：本指装饮食的盛器。此处泛指饮食。

⑬ 蟛（péng）蜞（qí）：螃蜞、相手蟹。螃蟹的一种，身体小，常见的头胸甲略呈方形。穴居海边或江河口泥岸。

⑭ 《尔雅》：书名，以释六艺之言，为孔门弟子所著。

⑮ 聆 ：听。为聆教。

《家语》[1]之训乎!在昔，贾思勰[2]之《要术》，遍及齐民。近即，刘青田[3]之《多能》，岂真鄙事[4]?《茶经》[5]《酒谱》[6]，足解羁[7]愁。鹿尾、蟹蝑[8]，恨不同载。夫岂好事，盖亦有意存焉。

是录偶然涉笔，犹忆“醒园”，不啻[9]随先大夫后，捧匜[10]进爵，陪色笑于先大父母之侧也。不敢久閟笈笥[11]，乃寿诸梓[12]。书法行欵[13]，悉依墨妙。点窜[14]涂抹，援[15]刻鲁公。争

---

① 《家语》：乃《孔子家语》的简称。《家语》曾记孔子侍坐于鲁哀公，设桃具黍。孔子认为，黍为五谷之长，桃为六果之下，“今以五谷之长，雪瓜蓏（luǒ）之下，是侵上忽下也”。雪，擦拭。

② 贾思勰：我国古代农学家，山东益都人，曾任北魏高阳郡（今山东淄博市西北）太守。因著《齐民要术》一书而知名于世。

③ 刘青田：即刘基，字伯温。因系浙江青田人故名。著有《多能鄙事》等书。

④ 鄙事：琐细之事。

⑤ 《茶经》：唐代陆羽所著。

⑥ 《酒谱》：宋代窦苹所撰，杂叙酒的故事。

⑦ 羁：停留。

⑧ 蟹蝑（xū）：蟹肉、蟹酱之类。

⑨ 不啻（chì）：不但。

⑩ 匜（yí）：古代盥器，形状如瓢。

⑪ 笈（jí）笥（sì）：此处指装书的箱子。笈，书箱。笥，古代盛饭或衣物的方竹器。

⑫ 梓：印刻成书。

⑬ 行欵（kuǎn）：行文落款，欵同“款”。

⑭ 窜：修改文字。

⑮ 援：引证也，如援以为例。

座位例，各存其旧。亦谓父之书，手泽[①]存焉，犹之母之杯卷口泽[②]存焉耳。然而言及此，已不禁泪涔涔[③]如绠縻[④]矣。

男调元谨志

【译】我过世的父亲当学生时，在饮食方面就力求简朴，吃的多是蔬菜、羹汤之类。但是，在侍奉祖父母的时候，却一定要准备特别美味可口的东西孝敬他们。父亲在做官而游历的时候，到的多是江浙一带。凡是遇到厨师烹制美味菜肴，就马上去拜访他们，把烹制的方法记录下来。每次他都亲自记录，从不请别人代抄。这样收集资料，已经几十年了。

《礼记·内则篇》关于饮食谈得很详细。孝敬老人，有的用肉酱浇在稻米饭上，有的用肉酱浇在高粱饭上。侍奉父母饮食，有的用糖浆蜜和米粉滑调和。食材有像蝉、蜂、蚁、蝗这样极小的食物；也有像木耳、葱叶这样精微的食物。凡蒸枣、择栗、削瓜、钻梨等加工方法都有记载。根据需要把大的切成薄片，小的切成细丝；冬天宜吃鲜鱼，夏天宜吃鱼干腒鱼，都详细地记载下来。

人的饮食可不是一件小事情。《易经》警告人们注意食

---

① 手泽：古代称遗著为手泽。

② 口泽：口津渍也。《礼记·玉藻》："母没而杯圈不能饮焉。口泽之气存焉尔。"

③ 涔（cén）涔：形容流泪的样子。

④ 绠（gěng）縻（mí）：此处乃借物比喻眼泪水长流不断之意。绠，汲井之用绳。縻，牛辔也。

物中毒，《书经》说调味注重咸和酸，《诗经》夸赞过烹鱼的能手，《左传》记载过惩戒没有煮熟熊掌的厨师。所以，在一些规戒褒赞的文章中，都不曾遗漏有关饮食的内容。通晓食味的书更是不少!误食了螃蟹的，是因为没有熟读《尔雅》一书；把雪桃和高粱同等对待的，是因为没有听过《家语》的教训。过去，北魏时期的贾思勰著有《齐民要术》，齐国人个个都知道。明代刘青田所著的《多能鄙事》，研究的是饮食烹调，哪里真的是琐碎的事呢！又如《茶经》《酒谱》，读着足可以消愁。遗憾的是没有把鹿尾、蟹酱的烹饪方法一起收集进去。写这些书的人可不是多事，而是想把这些文化史料保留下来。

写这本书时，每当提起笔，就想起在“醒园”田舍的时候。好像跟随在先父的后面，捧着盥器、酒杯，以和颜悦色的笑脸，侍候在祖父母二位老人旁边时的情形。为此，我不敢把这些书稿长期锁在书箱内，决定把它印刻成书，用很好的书法来誊写。至于编排、圈点、修改、刻版就按鲁公的印书方法。也算是保留了父亲遗著的原样，也犹似把我母亲口泽之气也保存了下来。说到这里，我已经情不自禁地泪如雨下了。

卷上

作米酱法

用饭米舂粉，浇水，作饼子，放蒸笼内蒸熟。候冷，铺草、盖草、加扁。七日过，取出，晒干，刷毛，不用舂碎。每斤配盐四两，水十大碗。盐水先煎滚，候冷澄清，泡黄[1]搅烂，约五六日后，用细筛磨下落盆内。付[2]日中大晒四十日，收贮听用。

按，此黄[3]虽系饭米，一经发黄，内中松动，用水一泡，加以早晚翻搅，安有不化之理？似可不用筛磨以省沾染之费，更为捷便。

【译】把饭米舂成粉，浇上水，做成饼，放入蒸笼蒸熟。晾凉后，在它的下面铺草、上面盖草、压上竹扁。七天后，拿出来晒干，刷去毛，不用舂碎。一斤米配四两盐、十大碗水。先把盐水烧开，晾凉后过滤干净，把酱坯搅烂，五六天后，用细筛子过箩到盆里。放在中午的太阳下大晒四十天，贮存好备用。

按，这种酱坯虽然是饭米，一旦经过涨发，里面会松动，再用水浸泡，早晚还要翻搅，哪有不融化的道理？好像不用筛子过箩（酱沾染到筛子上会更费事）更方便省事一些。

---

① 泡黄：用盐水泡着酱坯（酱母子）。

② 付：与，交付。

③ 此黄：这种酱坯（酱母子）。

（作米酱）又法

用糯米与饭米对配，作法同前。

【译】把糯米与饭米按一比一的比例搭配好，做法和前面讲的一样。

（作米酱）又法

白米不论何米，江米[1]更妙。用滚水煮几滚，带生[2]捞起，不可大熟。蒸饭透熟（不透不妙），取起，用席摊开寸半厚，俟冷，上面不拘用何东西盖密。至七日过，晒干，总以毛多为妙。如遇好天气，用冷茶汤拌湿，再晒干。每米黄[3]一斤，配盐半斤、水四斤。盐水煮滚，澄清去渣底，候水冷，将米入于盐水内，晒至四十九日，不时用竹片搅匀。倘日气太大，晒至期过于干者，须用冷茶汤和匀（不乾不用）。俟四十九天之后，将米并水俱收起，磨极细，即米酱矣（或用细筛擦细烂亦可）。以后或仍晒或盖密置于当日处俱可。如酱干些，可加冷茶和匀再晒。凡要搅时，当看天气清亮，方可动手。若遇阴天，不必打破酱面。

【译】取白米（不限米的品种），如果是江米更好。用开水煮上几开，刚刚断生就捞出来，不能太熟。再把米蒸到熟透（不透不行），取出，在席子上摊开一寸多厚，等饭

① 江米：糯米。

② 带生：刚刚断生。

③ 米黄：发酵后的酱胚。

凉了，上面用适宜的东西盖密实。经过七天，晒干，毛越多越好。要是碰到好天气，用冷茶汤把饭拌湿，再晒干。每一斤酱坯，配半斤盐、四斤水。把盐水煮开，澄清并去渣，等到盐水凉了，把米放到盐水里，再晒四十九天，要经常用竹片搅匀。如果太阳光照太强，晒得太干了，要用冷茶汤和匀（不干就不用了）。四十九天后，把米和水都收起来，再磨得特别细，这就是米酱了（或者用细筛擦至细烂也可以）。米酱做好以后继续晒或盖密实了放在太阳下都行。如酱有些干，可以加冷茶和匀后再晒。注意要等到天气晴朗的时候，才能搅拌。如果是阴天，不能打破酱的表层。

作甜酱法

白面十斤，以滚水做成饼子。不可太厚，中挖一孔，令其透气。蒸熟，于暖房内，上下用稻草铺排，草上加席，放面饼于上，覆以席子，勿令见风。俟七日后，发黄[1]取出，候冷，晒干。每十斤配盐二斤八两，用滚水泡半日，候冷，澄清去浑底，下黄[2]时，以木扒子打搅令烂。每早未出日时翻搅极透。晒至红色，用磨磨过，放大锅内煎之。每一锅放红糖一两，不住手搅，熬至颜色极红为度。装入坛内，俟冷封口，仍放日地晒之。鲜美味佳。

按，酱晒至红色后，可以不用磨，只在合盐水时搅打，

① 发黄：发酵。

② 黄：酱坯（酱母子）。

用手擦摩极烂或将黄先行杵破，粗筛筛过，以盐水泡之，自然融化。兼可不用锅内煎，只用大盆盛锅内，隔汤煮之。亦加红糖，不住手搅至红色，装起。似略简。

【译】取十斤白面，用开水和面，做成饼。饼不能太厚，在中间挖一个孔洞，用来透气。把饼蒸熟，放到暖房里，上下都铺好稻草，在稻草上加席子，把面饼放在上面，饼上再盖上席子，不要见风。过七天后，饼发酵后取出，放凉，晒干。比例是：每十斤白面配二斤八两盐，用开水泡半天，放凉，把底下的渣滓澄清。下酱坯时，要用木扒子打烂。每天太阳没出来时翻透搅透。晒成红色，用磨研好，放到大锅里熬煎。每锅放一两红糖，不停地搅拌，熬到颜色特别红就好了。装到坛子里，晾凉后封口，继续放在太阳下晒。味道鲜美极了。

按，酱晒成红色后，可以不用磨，只在搀兑盐水时搅拌，用手搓烂或把酱坯先杵破，粗筛子筛一遍，用盐水泡，让它自然融化。也可以不用锅熬，只用大盆盛放入锅里，隔水煮制。也可加红糖，不停搅拌至红色，装到坛子里晾晒。这样好像简单些。

（作甜酱）又法

做清酱亦用此黄，见后条。

先用白饭米[1]泡水，隔宿[2]捞起舂粉，筛就晒干。或碎米

① 白饭米：大米。

② 隔宿：过一晚上，隔夜。

亦好。次用黄豆洗净（约十五斤米面可配黄豆一斗），和水满锅，慢火煮至一日，歇火闷盖隔宿。次早连汁取出，大盆内同面拌匀，用手揣揉[1]，聂[2]成块子，铺排草席上，仍用草盖住至霉。少七天，多十天取出，摆开晒干。刷去黄毛，杵碎，与盐对醋和匀，装入盆内。每黄一斤，配好西瓜六斤。削去青皮，用木架于盛黄盆上，刮开取瓤，揉烂带汁子，一并下去。白皮切作薄片，仍用刀横扎细碎搅匀。此酱所重者瓜汁，一点勿轻弃。将盆开口，付日中大晒，日搅四五次，至四十日装入坛内听用。若要作菜碟下稀饭单用者，候一个月时，另取一小坛，用老姜或嫩姜切丝，多下。加杏仁，去皮尖，用豆油先煮至透，搅匀，再晒十多天，收贮。可当淡豉之用。

【译】做清酱也用这个酱胚，参见后面的做清酱法。

先用大米泡上水，过一夜捞出来舂碎，筛好晾干。或者碎米也行。再把黄豆洗净（约十五斤米面可配一斗黄豆），加上一满锅水，慢火煮一天，停了火盖上盖子闷一夜。第二天早晨连汤一并取出，放在大盆里与面一起拌匀，用手边捶边揉，捏成小块，在草席上摊开，用草盖住直到发酵。少则七天，多则十天取出来，摆开晒干。刷掉黄毛，杵碎，放入盐和醋搅匀，装到盆里。每一斤酱黄，配六斤好西瓜。削

① 揣（zhuī）揉：边捶边揉。

② 聂：通“捏”。

去西瓜的绿皮，把西瓜用木架架在盛酱黄的盆上面，剖开取瓤，揉烂了带西瓜汁，一起放到酱黄里。白皮切成薄片，用刀扎碎搅匀。制这种酱最关键之处在于西瓜汁，一点都不要浪费。将盆打开口，放在中午的太阳下晒，每天搅拌四五次，过四十天装入坛里待用。如果做小菜配稀饭单用，等过了一个月时，另外拿一个小坛，将大量的老姜或嫩姜切成丝，放入坛中。杏仁削去皮尖后也放进去，用豆油煮透，搅拌均匀后，再晒十几天，收贮好。可以当作淡豉酱用。

（作甜酱）又法

每斗黄豆，配干白面十五斤。先用盐滚水泡化，澄去沙底，晒干，净重十二斤。将豆下大锅，水配满，煮至一天，歇火收盖隔宿。次早，连汁取入大盆内，同干面拌匀。用手摄起，排芦席上，草盖令发霉。少七天，多十天，取出摆开，晒干，研碎，下缸，将盐泡水和下。欲干，水少些；欲稀，水多些。日晒，每早用棍子搅翻，十天或半月可用。

按，此法用多水。依后方，作酱油亦佳。

【译】每斗黄豆，配十五斤干白面。先用烧开的盐水泡化，澄干净，晒干，净重十二斤。把豆放到大锅里加满水，煮一天，停火收好盖上盖子闷一夜。第二天早上，连汤一起放进大盆，与干面拌匀。用手抓起来，摊放在芦席上，用草盖上进行发酵。少则七天，多则十天，取出摊开，晒干，研碎，放到缸里，加盐水搅拌。想要酱干一些，就少放水；想要酱稀一些，多放些水。放到太阳下晒，每天早上用棍子搅拌、翻动，十天或半个月以后就可以用了。

按，这个方法多加水。按照后面的方子，做酱油也非常好。

作面酱法

用小麦面，不拘多少，和水成块，切作片子，约厚四五分，蒸熟。先於空房内，用青蒿铺地（或鲜荷叶亦可），加用干稻草或谷草，上面再铺席子，然后将蒸熟面片铺草席上。铺毕，复用谷稻草上加席子。盖至半月后，变发生毛（亦有七日者），取出，晒干，以透为度。将毛刷去，用新瓷器收贮候用。临用时，研成细面，每十斤配盐二斤半。应将大盐预先研细，同净水煎滚，候冷，澄清去浑脚，和黄入缸或加红糖亦可，以水较酱黄约高寸许为度。乃付大日中晒月余，每早日出时翻搅极透。自成好酱。

【译】用小麦面，多少都可以，加水和成块，切成四五分厚的片，蒸熟。先在空房子里用青蒿铺地（或鲜荷叶也行），加上干稻草或谷草，上面再铺席子，然后将蒸熟的面片铺在草席上。铺好后，再在谷草或稻草上加席子。盖到半个月后，发现长毛了（亦有七天长的），取出，晒干，晒透就好。把毛刷掉，用新瓷器收好。用的时候，研磨成细面，每十斤配二斤半盐。应把大粒的盐先研细，加干净的水烧开，放凉，澄清去渣，与酱黄一起放进缸里（加红糖也行），水要比酱黄高出一寸多。放在大太阳下晒至一个多月，于每天太阳刚出来的时候进行翻动、搅拌，要翻透搅透。自然就制成了好酱。

（作面酱）又法

重罗[1]白面，每斗得黄酒糟一饭碗，泛面做剂子[2]。如一斤一个，蒸熟，晾冷，拾成一堆，用布包袱盖好。十日后，皮作黄色，内泛起如蜂窝眼为度。分开小块，晒干，用石碾碾烂，汲新井水调和，不干不湿，还可抓成团。每面一斗，约用盐四斤六两，调匀下缸。大晴天晒五日，即泛涨如粥。酱皮有红色如油，用木扒兜底掏转，仍照前一斗之数，再加盐三斤半。调和后，按五日一次掏转。晒至四十五日即成酱，可食矣。切忌：酱晒熟时，不可乱动。

【译】用细箩筛好白面，每斗配一饭碗黄酒糟，用老酵做发面面剂子。一斤一个，蒸熟，晾凉，拾成一堆，用布包袱盖好。十天以后，以外皮变成黄色，里面起蜂窝眼为标准。分成小块，晒干，用石碾子碾烂，用新打的井水调和，要不干不湿，还能抓成团。每一斗面，约用四斤六两盐，调匀后放入缸中。在大晴天时要晒五天，即面团泛起、涨到像粥一样。酱皮呈红色如油状时，就用木扒从底下往上翻动，还按照前面一斗面的量，再放三斤半盐。加盐调和后，每五天翻动一次。晒四十五天后，酱就做成，可以食用了。切忌：酱晒熟后，就不能再乱翻动了。

---

① 重罗：用箩筛细筛。

② 泛面做剂子：指用老酵做发面剂。

作清酱法

黑豆先煮极烂，捞起，候略温。加白面拌匀（每豆一斗配面三斤，多不过五斤），摊开有半寸厚，上用布盖密（不拘席草皆可）。候发霉生毛，至七天过晒干，天气热不过五六日，凉不过六七日为期，总以生毛多为妙。然不可使烂。如遇好天气，用冷茶汤拌湿再晒干（用茶汤拌者，欲其味甘，不拘几次，越多越好）。每豆黄一斤，配盐十四两、水四斤。盐同水煮滚，澄清去浑底，晾冷。将豆黄入盐水内，泡晒至四十九日。如要香，可加香蕈[①]、大茴、花椒、姜丝、芝麻各少许。捞出二货[②]豆渣，合盐水再熬，酌量加水（每水一斤加盐三两）。再捞出三货[③]豆渣，并再加盐水再熬。去渣。然后将一二次之水，随便合作一处拌匀，或再晒几天，或用糠火薰滚皆可。其豆渣尚可作家常小菜用也。

按，豆渣晒微干，加香料，即可作香豆豉。详见豆豉类。

【译】把黑豆煮到特别烂，捞出来，晾至不热不凉。加上白面拌匀（每一斗豆子配三斤面，最多不要超过五斤），摊开半寸厚，上面用布盖密（用席子草垫盖也可以）。等发酵长毛了，再花七天时间晒干，天气热就晒五六天，天气凉也不能超过六七天，以毛长得越多越好，但不能腐烂了。如

① 香蕈：香菇。是一种可食用的菌类植物。

② 二货：已泡过一次的豆母子。

③ 三货：已泡过两次的豆母子。

遇上好天气，用冷茶汤拌湿再晒干（用茶汤拌，是想使酱味甜，无论次数，越多越好）。以每一斤豆黄配十四两盐、四斤水的比例，将盐和水煮开，澄清去底渣，晾凉。再把豆黄放入盐水里，泡晒四十九天。如果要想酱有香味，可以加入少许香菇、大茴香、花椒、姜丝、芝麻。捞出泡了一次的母豆子和豆渣，与盐水一同再熬，加适量的水（每斤水加三两盐）。再捞出泡了二次的母豆子和豆渣，再加盐水再熬，去渣。然后把用了一二次的水，放到一起拌匀，或者再晒几天，或者用糠火熏至沸腾都可以。豆渣也可以当家常小菜食用。

按，豆渣晒到微干，加上香料，即可做香豆豉。详见豆豉类。

（作清酱）又法

每拣净黄豆一斗，用水过头，煮熟（豆色以红为度）。连豆汁盛起。每斗豆用白面二十四斤，连汤豆拌匀，或用竹笾[①]及柳笾分盛，摊开，泊[②]按实。将笾安放无风屋内，上覆盖稻草。黴[③]至七日后，去草，连笾搬出日晒。晚间收进，次日又晒，晒足十四天。如遇阴雨，须补足十四天之数，总以极干为度，此作酱黄之法也。

黴好酱黄一斗，先用井水五斗，量准，注入缸内。再每斗酱黄用生盐十五斤，秤足，将盐盛在竹篮内（或竹淘

---

① 竹笾（biān）：古代为食器。此为用竹子编织的盛器。

② 泊：疑为“拍”字的误刻。

③ 黴（méi）：古同“霉”。

箩内）。在水内溶化入缸，去其底下渣滓，然后将酱黄入缸。晒三日，至第四日早，用木扒兜底掏转（晒热时切不可动）。又过二日，如法再打转，如是者三四次。晒至二十天，即成清酱，可食矣。

至逼清酱之法，以竹丝编成圆筒，有周围而无底口。南方人名酱篘[①]，京中花儿市有卖，并盖缸篾编箬[②]絮，大小缸盖，俱可向花儿市买。临逼时，将酱篘置之缸中，俟篘坐实缸底时，将篘中浑酱不住挖出，渐渐见底乃已。篘上用砖头一块压住，以防酱浮起、缸底流入浑酱。至次早启盖视之，则篘中俱属清酱，可用碗缓缓挖起，另注洁净缸坛内。仍安放有日色处，再晒半月。坛口须用纱或麻布包好，以防苍蝇投入。如欲多做，可将豆、面、水、盐照数加增。清酱已成，未篘时，先将浮面豆渣捞起一半，晒干，可作香豆豉用。

【译】挑一斗干净黄豆，加水煮制，水要没过黄豆，煮熟（豆色以变红为准）。连同豆汁一并盛出。每一斗豆用二十四斤白面，与汤豆一起拌匀，用竹笾、柳笾分别盛好，摊开，拍按结实。把笾放在没有风的屋里，上面盖稻草。发酵七天后，去掉稻草，连同笾一起搬到外面晒。晚上收回来，第二天再晒，晒够十四天。如遇上阴雨天气，要补足十四天的数，以晒得特别干为标准，这就是做酱黄的方法。

---

① 篘（chōu）：一种竹制的滤酒的器具。《康熙字典》释篘为“酒笼，漉取酒也”。

② 箬（ruò）：笋壳。

准备发酵好的一斗酱黄，先将五斗（水量一定要准）井水放进缸内，再用十五斤（要足秤）生盐，放到竹篮里（或竹淘箩里），在缸中水内溶化，去掉竹篮底下的渣滓，然后把酱黄也放进缸里。在太阳下晒三天，到第四天早上，用木扒兜底翻动搅拌（晒热时千万不能翻）。再过两天，像上次一样翻动，照样要翻动三四次。晒到二十天，清酱就做成了，可以食用了。

逼清酱的方法是用竹丝编成无底的圆筒，南方人称为"酱篘"，京中花儿市有卖的；加上竹和笋壳做的缸盖，无论缸盖大小，花儿市也都可以买到。逼酱的时候，要把酱篘放在缸里，等到篘在缸底坐实，将篘中的浑酱不停地挖出，渐渐看到底就行了。篘上要用一块砖头压住，以防止酱浮起来和缸底流进浑酱。第二天早上打开盖子查看，如果篘中都是清酱，可以用碗缓缓挖起来，放到另外干净的缸坛里。依旧放在有太阳的地方，再晒半月。坛口要用纱或麻布包好，防止苍蝇进去。要想多做，可把黄豆、白面、水、盐按照比例相应增加。清酱做好，在未篘的时候，可先把浮面、豆渣捞起一半，晒干，可以当作香豆豉用。

（作清酱）又法

将前法酱黄整块（酱黄，即做甜酱所用者是也，已见前篇），先用饭汤候冷，逐块揾[1]湿。晒干如法。再揾再晒，

---

① 揾（wèn）：指手擦物的样子。这里是洒湿表面的意思。

日四五度。若日炎，可干六七次更妙，至赤色乃止。黄每斤配盐四两、水十大碗。盐水先煎滚，澄清，候冷，泡酱黄，付日大晒干，即添滚水至原泡分量为准。不时略搅，但毋搅破酱黄块耳。至赤色，将卤滤起，下锅加香菰、八角、茴、花椒（俱整蕊用）、芝麻（用口袋之），同煎三四滚，加好老酒一小瓶再滚，装入罐内听用。其渣再酌量加盐，煎水如前法，再晒至赤色，下锅煎数滚，收贮，以备煮物作料之用。

【译】用前文介绍制好的整块酱黄（酱黄，即是做甜酱所用的原料，方法已在前文介绍），饭汤晾凉，把整块的酱黄挨个撩湿表面，像前面的方法一样晒干。再撩再晒，四五天即可。如果太阳毒，晒干六七次更好，等到晒出红颜色就可以了。每斤酱黄配四两盐、十大碗水。盐水先烧开，澄清，晾凉，泡酱黄，放在太阳下晒干，添上开水至原来那么多。不时地稍微搅拌一下，但别搅破酱黄块。直到颜色红了，把卤滤出来，下锅并加香菇、八角、茴香、花椒（全用整蕊的）、芝麻（用口袋盛好），一起烧三四开，放一小瓶好的老酒再烧开，装到罐子里待用。渣子再加适量的盐，像前边一样烧开，再晒成红色，下锅烧开几次，收贮好，可以做煮东西的调料用。

作麦油法

（即清酱）

将小麦洗净，用水下锅，煮熟，闷干，取起，铺大扁[1]

① 扁：竹制的盛器。

内。付日中晒之，不时用筷子翻搅，至半干，将扁抬入阴房内，上面用扁盖密。三日后，如天气太热，麦气大旺，日间将扁揭开，夜间仍旧盖密；若天不热，麦气不甚旺盛，不过日间将扁脱开缝就好；徜天气虽热而麦气不热，即当密盖为是，切毋泄气。至七日后取出，晒干。若一斗出有加倍，即为尽发。将作就麦黄，不必如作豆油以饭泔[①]漂晒，即带绿毛。每斤配盐四两、水十六碗。盐水先煎滚，澄清，候冷，泡麦黄，付大日中晒至干，再添滚水至原泡分量为准。不时略搅，至赤色，将卤滤起。下锅内，加香菰、八角、茴、花椒（俱整蕊用）、芝麻（口袋盛之），同煎三四滚，加好老酒一小瓶再滚，装入罐内听用。其渣再酌量加盐煎水（如前法），再至赤色，下锅煎数滚，收贮，以备煮物作料之需。

【译】洗干净的小麦，下锅加水煮熟，闷干，取出，铺在大扁内。放在正午的太阳下晒，不时用筷子翻动、搅拌到半干。把大扁抬进阴凉的房里，上面再用大扁压好。三天后，如果天气太热，麦气旺，白天把大扁揭开，夜里继续盖密；如果天不热，麦气不旺，白天把大扁打开一条缝就行；如天气虽然热但麦气不热，就盖严即可，千万不能泄了气。七天后取出，晒干。如果一斗小麦发出了加倍的分量，那就是发尽了。把它当作麦黄，可不用像做豆油那样用淘米水漂洗、晒干，就带绿毛。每斤配四两盐、十六碗水。盐水先烧

① 泔：俗称淘米水。

开，澄清，晾凉，泡麦黄，放在大太阳下晒干，再添开水至原来的量，不时地搅动到变为红色，把卤滤出。卤汁下锅，加入香菇、八角、茴香、花椒（都整蕊用）、芝麻（用口袋装好），一并烧三四开，加一小瓶好的老酒再烧开，装进罐里备用。渣子再加适量盐水烧开（如之前的方法），变红色后，下锅再烧开数次，收贮好，可当作煮物的调料用。

（作麦油）又法

做麦黄与前同。但晒干时，用手搓，扬簸去霉，磨成细面。每黄十斤，配盐三斤、水十斤。盐同水煎滚，澄去滓脚，合黄面做一大块，揉得不硬不软，如做饽饽样就好，装入缸内，盖藏令发。次日掀开，用一手捧水，节节洒下，付日大晒一天。加水一次，至用棍子可搅得活活就止。即或遇雨，不致生蛆。

【译】做麦黄与前面的方法一样。但晒干的时候，要用手搓，用簸扬去杂质，再磨成细面。十斤黄面，配三斤盐、十斤水。盐和水烧开，澄净去渣，与黄面掺在一起做成一大块，揉得不硬不软，像做饽饽那样，装到缸里，盖上盖子发酵。第二天掀开，用一只手捧水，一点点洒下，放在太阳下晒一天。每加一次水，用棍子搅到可以搅开就停手。即使遇到下雨的天气，也不会生蛆。

酱不生虫法

用芥子研碎入豆酱内，不生虫。或用川椒亦可。

【译】把芥子研碎放进豆酱里，可以不生虫。或者用川椒也行。

酱油不用煎

酱油滤出上瓮，将瓦盆盖口，以石灰封好。日日晒之，倍胜于煎。

【译】滤出酱油放到瓮里，用瓦盆盖上口，再用石灰封好。每天晒，此法比煮制好。

作酱诸忌

一下酱忌辛日；一防不洁净身子眼目；一忌缸坛泡洗未净；一防生雨点入缸内；一酱晒得极热时，不可搅动；晚间不可即盖；遇应搅之日，务于清早；上盖必待夜静凉冷；下雨时，缸盖亦用木棍撑起，若闷住恐翻黄。

【译】忌在辛日下酱；防止身子眼目不干净；忌缸坛泡洗不干净；防止雨点打进缸里；忌在酱晒得特别热的时候搅动；晚上不能马上盖盖子；遇到酱要搅动的日子，务必在清早；上盖时必须等到夜晚凉爽的时候；下雨时，缸盖也要用木棍撑起来，如果闷住恐怕会翻黄。

作酱用水

须腊月内，择极凉日煮滚水，放天井空处冷透，收存待夏。泡酱及油用此腊水最益人，又不生蛆虫，且经久不坏。

又云，造酱要三熟：谓熟水调面、蒸熟面饼、熟水浸盐也。每黄十斤，配盐三斤、水十斤，乃做酱一定之法。斟酌加减，随宜而用。水内入盐，须搅过二三次，澄清，用竹篱淋过，去尽泥脚。试盐水之法，将鸡蛋下去，浮有二指高，即极咸矣。

【译】要在腊月特别冷的天气里煮开水，放在天井里冷透了，再保存起来等到夏天用。泡酱和油用这种水最好，不会生蛆虫，而且经久不坏。

另外，做酱要三熟：就是熟水调面、蒸熟面饼、熟水浸盐。十斤酱黄，配三斤盐、十斤水，这是做酱规定的方法。自己酌情增加或减少，根据情况定。水里放盐，一定要搅动两三次，澄清，用竹篱淋一下，去掉杂质。测试盐水是否合适的方法，可以把鸡蛋放进去，浮起来有两指高，就证明盐水很咸了。

作香豆豉法

每豆一斗，用过头水煮熟，将水逼干，用白面二十斤拌匀。霉法与上做清酱法同。霉好，用杏仁、瓜子仁、姜丝、紫苏、八角、茴香、小茴香、花椒、白糖、陈皮、瓜块、烧酒（内陈皮须煮出苦水）拌匀，盛洁净磁瓶内，将瓶口泥好，晒至一月，即成香豉矣。

若有前方清酱之余豆，则此方之黄，可以不用另做。

【译】一斗豆，把水没过豆子煮熟，把水逼干，用二十斤白面拌匀。发酵的方法和上面做清酱的方法一样。发酵好以后，用适量杏仁、瓜子仁、姜丝、紫苏、八角、茴香、小茴香、花椒、白糖、陈皮、瓜块、烧酒（陈皮要煮出苦水）拌匀，盛到干净的瓷瓶里，将瓶口用泥封好，晒一个月，就做成香豉了。

如果有做清酱剩下的豆，那么这个方子里的酱黄，就不用另外做了。

（作香豆豉）又法

预备黑豆，水煮熟，晾微干，收藏空房内，盖密。发黄至半个月，取出，晒干，扬去绿衣。每日用清冷饭滚汤拌湿令透，晒极干，再拌再晒。不拘日数，总以豆颗松破为准，或夜间漂露更妙。晒极干，净重五斤。大杏仁（一斤半或二斤亦可）水浸，勿摇动，去皮、尖，晾干。用久陈皮（切细丝八两，四制的亦可）、老姜（二斤洗净，连皮切细丝，晾微干），以上备齐，总秤若干重。欲淡，每十两配盐一两；欲咸，每十两配盐二两或一两五钱。临合时，用西瓜汁泡化，澄清去砂脚和入。初次总合诸料时，用大西瓜二枚，取肉汁子揉烂和入（但当记得留汁、泡盐、去沙为要），大晒至极干。再下一枚和入，再晒至极干。然后另用家苏叶（一两）、薄荷叶（一两）、厚朴（一两半，姜汁炒）、甘草（一两）、乌梅肉（二两半）、小茴香（一两）、川贝母（一两）、密[1]桔梗（一两半），入水二十碗，煎至十二碗，滤出头汁。再入水煎，约渣水十五碗，煎至八碗去

① 密：同“蜜”。

渣。二汁拿前料晒干，再另用大粉草（八钱）、家紫苏（八钱），薄荷（八钱八）、小茴（八钱八）、大茴（八钱）、川贝母（五钱八）、砂仁（六钱八）、花椒（六钱八）、柿霜（二两），各研细末拌入和好。老酒拌湿，冷透。当令有余沥[1]。以为晒日干燥地步，迨[2]晒去余沥，不致干燥，用小口磁罐装贮，布塞极紧，勿使漏气，轮转晒二十天。若太湿，至一月可用。罐口或用猪尿包或泥封固均可。若藏久太干，当用老酒拌湿，再晒几天，自然再润。

又云：若要自用，西瓜用三次更妙。倘要卖的，西瓜只用一次。药汁中加乌糖八两亦可。瓜用三次者，初次之瓜，只单取汁，子肉不用，至二三次才将瓜瓤切作指头大块。

按，所配药料，不无太轻意，当以加倍为妥（拌酒之法，每豆豉一斤加老酒四两八钱）。

【译】准备好黑豆，用水煮熟，晾得微干，收藏到空房里，盖严密。发酵过半个月，取出，晒干，扬掉绿衣。每天用清冷饭烧开的汤拌到透湿，晒到特别干，再拌再晒，不用管天数，以豆子颗粒松破为准，夜里打上露水更好。晒到极干后，净重五斤。大杏仁（一斤半或二斤都可以）用水泡好，不要摇动，去掉外皮和尖，晾干。加入陈皮（切细丝八两，四制的也行）、老姜（二斤洗净，连皮切成细丝，晾到

① 沥：液体的点滴。

② 迨（dài）：等到。

微干），以上材料备齐，合计若干重量。要想淡些，每十两配一两盐；要想咸些，每十两配二两或一两五钱盐。拌和的时候，用西瓜汁泡化，澄净去渣。第一次把所有料拌和时，用两个大西瓜，取肉和汁揉烂放进去（但要记住留下部分汁泡盐，去沙），大晒到极干，再放进去一个西瓜，再晒到极干。然后另外用家苏叶（一两）、薄荷叶（一两）、厚朴（一两半，姜汁炒）、甘草（一两）、乌梅肉（二两半）、小茴香（一两）、川贝母（一两）、蜜橘梗（一两半），放二十碗水，煮至十二碗，把头汁滤掉。再放水煮，大约有十五碗渣水，煮至八碗，去渣。两种汁合并。把前面的料晒干，再另外用大粉草（八钱）、家紫苏（八钱），薄荷（八钱八）、小茴香（八钱八）、大茴香（八钱）、川贝母（五钱八）、砂仁（六钱八）、花椒（六钱八）、柿霜（二两），分别研成细末拌进去和好。再用老酒拌湿，冷透。让它有点汁液，为以后在太阳下晒干做准备，等到晒干剩下的汁液，酱不至于干燥，用小口的瓷罐贮存，用布塞紧，不要漏气，轮转着晒二十天。如果太湿，晒一个月就可以了。罐口也可以用猪尿包或泥封紧。如果贮藏久了导致酱太干，就用老酒拌湿，再晒几天，酱自然也就润泽了。

另外：如果要自己吃，西瓜用三次更好。如果要用来卖，西瓜只用一次。药汁中加八两乌糖也可以。如果瓜用三次，第一次的瓜，只取汁，不用肉，到第二、三次再把瓜瓤切成指头大小的块。

按，配的药料，用量不必太轻，加倍放更好（拌酒的方法，每一斤豆豉加四两八钱老酒）。

作水豆豉法

做就黑豆黄十斤，配盐四十两，金华甜酒十碗。先用滚汤二十碗，泡盐作卤，候冷，澄清。将黄下缸，入盐水并酒，晒四十九日，下大小茴香，紫苏叶、薄荷叶各一两（剉[①]粗末），甘草粉、陈皮丝各一两，花椒一两，干姜丝半斤，杏仁去皮尖一斤，各料和入缸内再搅。晒二三日，用坛装起，泥封固。隔年吃极妙，蘸肉吃更好。

按，陈、椒、姜、杏四味，当同黄一齐下晒，或候晒至二十多天下去亦可。若待隔年吃之，即当照原法晒为妥。

【译】做好的十斤黑豆黄，配四十两盐、十碗金华甜酒。先用二十碗开水泡盐做卤，晾凉，澄清。把豆黄放到缸里，加入盐水和酒，晒至四十九天，加入适量的大、小茴香，紫苏叶、薄荷叶各一两（锉成粗末），甘草粉、陈皮丝各一两，花椒一两，干姜丝半斤，去皮尖杏仁一斤，一并放入缸内后搅拌，晒两三天，装入坛中，用泥将口密封。隔年吃味道最好，蘸肉吃更好。

按，陈、椒、姜、杏四味，要和豆黄一起晒，或者晒到二十多天后再放进去也行。如果要等到隔年吃，最好按照原

① 剉：锉的异体字。磨细。

来的方法去晒。

（作水豆豉）又法

发就豆黄一斤、好西瓜瓤一斤、好老酒一斤、盐半斤，先用酒将盐浇化澄沙，合黄与瓜瓤搅匀，装入坛内封固，俟四十天可吃。不晒日。

【译】发好的一斤豆黄、一斤好西瓜瓤、一斤好老酒、半斤盐，先用酒把盐浇化并澄净，再把豆黄和瓜瓤搅匀，装进坛里密封，过四十天以后就可以食用了。不用晒。

豆腐乳法

将豆腐切作方块，用盐醃[1]三四天，出晒两天，置蒸笼内，蒸至极熟。出晒一天和便酱，下酒少许，盖密配之。或加小茴末和晒更佳。

【译】豆腐切成块，用盐腌三四天，取出晒两天，放到蒸笼里，蒸到特别熟。再晒一天和入酱，放少许酒，封闭盖好。加些小茴末去晒更好。

酱豆腐乳法

前法面酱黄做就研成细面，用鲜豆腐十斤，配盐二斤，切成扁块，一重盐，一重豆腐，醃五六天捞起，留卤候用。将豆腐铺排蒸笼内蒸熟，连笼置空房中约半个月，候豆腐变发生毛，将毛抹倒，微微晾干。再豆腐与黄对配，乃将留存腐卤澄清去浑脚，泡黄成酱，一层酱、一层豆腐、一层香

① 醃（yān）：同“腌”。

油，加整个花椒数颗，层层装入坛内，泥封固。付日中晒之，一月可吃。

香油即麻油，每只可四两为准。

【译】将按前面的方法做好的面酱黄研成细面，用十斤鲜豆腐，配二斤盐，切成扁块，一层盐，一层豆腐，放好，腌制五六天捞出来，留下卤待用。把豆腐铺在蒸笼里蒸熟，连笼一起放到空房里大约半个月，等豆腐发酵长毛，把毛抹掉，微微晾干。再将豆腐和酱黄等比例配好，把留下的腐卤澄净去渣，泡上酱黄，一层酱、一层豆腐、一层香油，加上几粒整个的花椒，逐层装入坛里，用泥封口。放到太阳下晒，一个月后就可以食用了。

香油就是麻油，每次只能放四两。

（酱豆腐乳）又法

先将前法做就面黄研成细面，用鲜豆腐十斤，配盐一斤半，豆腐切作小方块，一重盐，一重豆腐，醃五六天捞起，铺排蒸笼内蒸熟。连笼置空房中约半个月，俟豆腐变发生毛，将毛抹倒，晾微干。一层酱面、一层豆腐，装入坛内，仍加整花椒数颗。逐块皆要离旷，不可相挨，中留一大孔透底装满。上面仍用酱面厚厚盖之，以好老酒作汁，灌下封密，日晒一个月可用。

【译】先将按前面做法做好的面黄研成细面，用十斤鲜豆腐，配一斤半盐，豆腐切成小方块，一层盐，一层豆腐，腌制五六天捞出来，铺在蒸笼里蒸熟。连笼一起放到空房里大约半个月，等豆腐发酵长毛，将毛抹掉，晾微干。一层酱面、一层豆腐，装到坛子里，仍旧加几粒整花椒。每块豆腐都不能挨着，中间留一个大孔透到底，豆腐装满。上面仍用酱面厚厚地盖上，用好的老酒做汁，灌进去后密封，晒一个月就可以食用了。

糟豆腐乳法

每鲜豆腐十斤，配盐二斤半（其盐三分之中，当留一小分，俟装坛时拌入糟膏内）。将豆腐一块切作两块，一重盐、一重豆腐，装入盆内，用木板盖之，上用小石压之，但不可太重。腌二日洗捞起，晒之至晚，蒸之。次日复晒复蒸，再切寸方块，配白糯米五升，洗淘干净，煮烂，捞饭候冷（蒸饭未免太干，定当煮捞脂膏，自可多取为要）。用白曲五块，研末拌匀，装入桶盆内，用手轻压抹光，以巾布盖塞极密，次早开看起发，用手节次刨放米萝擦之（次早刨擦，未免太早，当三天为妥），下用盆承接脂膏，其糟粕不用，和好老酒一大瓶、红曲末少许拌匀。一重糟、一重豆腐，分装小罐内，只可七分满就好（以防沸溢）。盖密，外用布或泥封固，收藏四十天方可吃用，不可晒日（红曲末多些好看，装时当加白曲末少许才松破。若太干，酒当多添，俾膏酒略淹[1]豆腐为妙）。

---

① 淹：淹没。指液体淹没食材，下同。

【译】每十斤鲜豆腐，配二斤半盐（三份盐中，留一小份，等到装坛时拌到糟膏里）。将一块豆腐切成两块，一层盐、一层豆腐，装入盆里，用木板盖上，木板上面用小石头压住，但不能太重。腌两天后捞出来洗净，晒到晚上，蒸制。第二天再晒，再蒸，再切成一寸左右的方块，配五升洗淘干净的白糯米，煮烂，捞出，晾凉（蒸的饭太干了，必须煮捞出脂膏，自然以多取为关键）。把五块白曲研末，拌匀，装入桶盆里，用手轻压抹光滑，用布盖上塞严，第二天早上打开发现发酵了，就依次放在米萝上擦（第二天早上刨擦有些太早，第三天最合适），下面用盆接着脂膏，糟的就不要了，与一大瓶好老酒、少许红曲末拌匀。一层糟、一层豆腐，分别装进小罐里，只装七分满就可以了（防止烧开溢出）。盖严，外面用布或泥封口，收藏四十天以后才可以食用，不能晒太阳（多放些红曲末好看，装罐时加少许白曲末才松软。如果太干，就多加些酒，膏和酒略微没过豆腐最好）。

（糟豆腐乳）又法

用鲜豆腐切成四方块子，加一[①]或加一五盐醃之，付滚水煮一二滚，取起，用前方拌就。糯米饭与豆腐对配，重重装入坛内，用酒作水，密封。候二十天过可用。

【译】鲜豆腐切成四方块，加一份（计量单位不详，此处用份代表）或加一份半的盐腌制后，放开水里煮一两

① 此数字后原无计重单位，斤？两？不详。

开，取出来，用前面的方法拌好。糯米饭与豆腐一比一配好，层层装入坛里，以酒当作水，密封好。等二十天后就可以食用了。

（糟豆腐乳）又法

与酱豆腐乳之法约略相同，但须于酒内酌量添盐。

【译】与酱豆腐乳的做法差不多，但必须在酒里酌量添加盐。

冻豆腐法

将冬天所冻豆腐，放背阴房内。候次年冰水化尽，入大磁瓮内，埋背阴土中，到六月取出会[①]食，真佳品也！

【译】把冬天冻的豆腐，放在背阴的房里。到第二年冰水化完时，放进大瓷瓮里，埋到背阴的土中，到六月份取出来烩着吃，真是美味啊！

作米醋法

赤米不用舂，洗净蒸饭，拌曲发香，用水或用酒泼皆可发，越久越好。乃将酒渣节节添入（即熬酒之熬桶尾），俟月余可用。如有发霉，用铁火针烧极红淬[②]之，每日一二次。仍连坛取出晒之。

【译】赤米不用舂，洗干净蒸饭，拌曲发出香味，用水或用酒泼进去都可以发酵，越久越好。把酒渣逐步添进去

---

① 会：疑为“烩”。

② 淬（cuì）：意指把烧红了的铸件往水或油或其他液体里一浸立刻取出来，此法可提高合金的硬度和强度。

（熬酒剩下的桶底子），过一个多月就可以食用了。如果发现发霉，就用烧红的铁火针淬一下，每天一两次。仍旧连坛子取出来，在太阳下晒。

（作米醋）又法

糙米一斗，浸过夜，取出蒸熟成饭，晾冷透，装入坛内，三日酸透。入凉水三十斤，用柳条每日搅数次。七日后不须搅。过一月不动，俟其成醋，滤去糟粕，入花椒、黄柏少许，煎数滚，收坛内听用。

【译】用一斗糙米，浸泡一夜，取出来蒸成熟饭，晾至凉透，装进坛里，过三天就酸透了。加入三十斤凉水，每天拿柳条搅几次。七天以后就不用搅了。一个月内不要动，等它变成醋，滤掉糟粕，放入少许花椒、黄柏，烧开几次，收到坛里备用。

极酸醋法

五月午时，用做就粽子七个，每个内各夹白曲一块，外加生艾心七个，红曲一把，合为一处，装入瓮内。用井水灌之，约七八分满就好。瓮口以布塞得极紧，置背阴地方。候三五日过，早晚用棍子搅之。尝看至有醋味，然后用乌糖四五圆打碎，和烧酒四五壶，隔汤炖至糖化，取起，候冷，倾入醋内。早晚仍不时搅之，俟极酸了可用。要用时，取起醋汁一罐，换烧酒一罐下去，永吃不完，酸亦不退。

【译】端午的时候，拿七个做好的粽子，每个里面夹一块白曲，外面加七个生艾心，一把红曲，一并放到一个瓮里。用井水灌进去，大概七八分满就行。瓮口用布塞紧，放到背阴的地方。等上三五天，每天早晨和晚上都要用棍子搅动。要经常查看，一直到有了醋味。再把四五块乌糖打碎，与四五壶烧酒，隔汤炖至糖熔化，取出，晾凉，倒进醋里。早晚仍要搅动，等到醋很酸了就可以食用了。食用的时候，取一罐醋汁出来，就换一罐烧酒灌进去，这样永远吃不完，醋的酸味也不会减退。

千里醋[①]法

乌梅去核一斤，以酽[②]醋五升，浸一伏时[③]，晒干，再浸再晒，以醋取尽为度。醋浸蒸饼，和之为丸，如芡实[④]大。欲食时，投一二丸于水中，即成好醋矣。

【译】一斤去核的乌梅肉，用五升浓醋浸泡十天，晒干，再泡，再晒，直到五升醋用完为止。用醋浸泡后蒸饼，然后揉和成丸，像芡实一样大小。要用的时候，放一两丸在水里，就成了好醋。

焦饭做醋法

蒸饭后，锅底铲起焦饭（俗名锅巴），投入白水坛装，置近火暖热处。时常用棍子搅之。七日后，便成醋矣。

---

① 千里醋：把醋制成干丸，以备旅行之用。千里，指旅行很远。

② 酽（yàn）：指汁液浓，味厚。

③ 伏时：十天为一伏，三伏为一月。

④ 芡实：多年生水生草本。又称“鸡头米”，供食用或酿酒，亦可药用。

凡酒酸不可饮者，投以锅巴，依前法作醋。用绍兴酸酒更好。

【译】蒸饭以后，用铲子铲起锅底的焦饭（俗称锅巴），与白水一起放进坛内，放到靠近火的暖和地方。经常用棍子搅动。七天以后，就成醋了。

酸了不能喝的酒，可以放进锅巴，按照前面的方法去做醋。用绍兴酸酒效果更好。

腌火腿法

每十斤猪脚[①]，配盐十二两（极多加至十四两）。将盐炒过，加皮硝[②]末少许，乘猪盐两热，擦之令匀。置入桶内，上面用大石压之，五日一翻。候一个月，将腿取起，晾于风处，四五个月可用。

【译】每十斤猪腿，配十二两盐（最多可加到十四两）。盐炒过以后，加少许皮硝末，趁猪腿和盐都热着，把盐在猪腿上擦匀。放到桶里，上面用大石头压住，每五天翻一次。一个月后，取出猪腿，晾到通风处，四五个月后就可食用了。

（腌火腿）又法

金华[③]人做火腿，每斤猪脚配炒盐三两（或云，原方配六

---

① 猪脚：应为猪腿。

② 皮硝：即芒硝。是硫酸盐类矿物芒硝经加工精制而成的结晶体。有破痞、温中、消食、逐水、缓泻等功效，主治胃脘痞、食痞、消化不良、浮肿、水肿、乳肿、闭经、便秘。

③ 金华：地名，在浙江省。此地区以产火腿驰名中外。

两，不无太咸），用手将盐擦完，石压之。三天取出，用手极力揉之，肉软为度。翻转再压再揉，至肉软如棉，取出，挂之风处（约当于小雪后起，至立春后方可挂风，不冻）。

【译】金华人做火腿，每斤猪腿配三两炒盐（也有人说，原配方是六两，这样会太咸），用手将盐擦完，用石头压住。三天以后取出来，用手再使劲搓揉，以肉软了为标准。翻转过来再压再揉，直到肉软得像棉花一样，取出，把它挂到通风处（大概从小雪节气后开始做，到立春以后才能挂在通风处，这样猪腿不会冻）。

醃猪肉法

每猪肉十斤，配盐一斤。肉先作条片，用手掌打四五次，然后将盐炒热擦上，用石块压紧。俟次日水出，下硝少许，一天翻一天[①]，醃六七天，捞起。夏天晾风，冬天晒日，均俟微干收用。

【译】每十斤猪肉，配一斤盐。先把肉切成条片状，用手拍打四五次，然后把盐炒热擦到肉上，再用石块压实。等第二天水出来，加少许硝，一天翻一次，腌制六七天，取出。夏天把肉晾在阴凉通风的地方，冬天把肉晒在太阳下，都要等到猪肉微干了再收好备用。

（醃猪肉）又法

先将猪肉切成条片，用冷水泡浸半天或一天，捞起。每

---

① 天：疑为“次”字。

肉一层，配稀薄食盐一层，装入盆内，上面用重物压之，盖密，永勿搬动。要用，照层次取出，仍留盐水。

若要薰[①]吃，照前法。用盐浸过三天捞起，晒微干。用甘蔗渣同米布放灶锅底，将肉铺排笼内，盖密，安置锅上，粗糠慢火焙[②]之。以蔗、米烟薰入肉内，油滴下，味香，取起，挂于风处。要用时，白水微煮，甚佳。

【译】先把猪肉切成条片状，用冷水浸泡半天或一天，捞出来。每层肉配上一层稀薄的食盐，放到盆里，上面用重物压住，盖严实，永远不要搬动。如果要食用，按照层次取出来，盐水仍旧留在盆里面。

如果要熏着吃，按照前面的方法。用盐浸三天后捞起，晒至微干。用甘蔗渣同米布放到灶锅底下，把肉铺放在蒸笼里，盖严，放在锅上，用粗糠慢火烘烤，让甘蔗和米混合的烟熏进肉里，油滴下来，气味很香，熏好取出，挂到通风的地方。食用的时候，加白水稍微煮一下，味道特别好。

腌熟肉法

凡有事，余剩之熟鸡、猪等肉，欲久留以待客。鸡当破作两半，猪肉切作条子，中间剖开数刀，用盐于内外及剖缝处搓得极匀，但不可太咸。装入盆内，用蒜头捣烂，和好米醋泡之。以石压其上，一日须翻一遍，二三日捞起，晾略

① 薰：同“熏”。

② 焙（bèi）：用微火烘烤。

干，将铁锅抬起，用竹片搭十字架于灶内（或铁丝编成更妙）。将肉铺排竹上，仍以锅覆之，塞勿出烟。灶内用粗糠或湿甘蔗粕，生火薰之，灶门用砖堵塞，不时翻转，总以干香为度。取起收入新坛内，口盖紧，日久不坏，而且香。

【译】家里因为有事接待用剩下的熟鸡、猪等肉，想长久保存用于待客。方法是把鸡破成两半，猪肉切成条，中间剖开几刀，把盐在肉的内外和剖缝的地方搓揉均匀，但不能太咸。装到盆里，加入捣烂的大蒜，用好的米醋浸泡。用石头压住，一天翻一遍，两三天后取出，晾到略干。把铁锅抬起来，用竹片搭成十字架在灶里（用铁丝编的架子更好）。把肉铺在竹架上，仍旧用锅扣上，塞好缝，不要出烟。灶里用粗糠或湿甘蔗粕，点火熏制，灶门要用砖堵塞上，不时翻转，以肉干、香入味为标准。取出熏好的肉收到新坛子里，把口盖紧，能长期保存，而且很香。

酒燉[①]肉法

新鲜肉一斤，刮洗干净，入水煮滚一二次即取出，刀改成大方块。先以酒同水燉有七八分熟，加酱油一杯，花椒、料[②]、葱、姜、桂皮一小片，不可盖锅。俟其将熟，盖锅以闷之，总以煨火为主。或先用油姜煮滚，下肉煮之，令皮略赤，然后用酒燉之，加酱油、椒、葱、香蕈之类。又，或将

① 燉（dùn）：同“炖”。

② 料：大料，此处疑脱一“大”字。

肉切成块，先用甜酱擦过，才下油烹之。

【译】准备一斤鲜肉，刮洗干净，在水里煮开一到两次取出，切成大方块。先用酒和水炖至七八成熟，加入一杯酱油和少许花椒、大料、葱、姜、一小片桂皮，不能盖锅盖。肉快熟时，盖上锅盖闷制，始终以煨火为主。也可以先用油姜煮开水，再下肉煮，让肉皮略微发红，然后加入酒炖，再加适量的酱油、椒、葱、香蕈等。另外，也可以把肉切成块，先用甜酱擦了，再下油锅里烹制。

酱肉法

猪肉用白水煮熟，去白肉并油丝，务令净尽。取纯精[①]的，切寸方块子，醃入好豆酱内，晒之。

【译】猪肉用白水煮熟，去掉肥肉和油丝，务必去干净。只用纯瘦肉，切成一寸左右的方块，用好豆酱腌制，再晾晒。

火腿酱法

用南火腿[②]煮熟，切碎丁（如火腿过咸，即当用水先泡淡些，然后煮之），去皮，单取精肉。用火将锅烧得滚热，将香油先下滚香，次下甜酱、白糖、甜酒，同滚炼好，然后下火腿丁及松子、核桃、瓜子等仁，速炒翻取起，磁罐收贮。

其法，每火腿一只，用好面酱一斤、香油一斤、白糖一

① 纯精：全部是瘦肉。

② 南火腿：云南宜威火腿的简称。

斤、核桃仁四两（去皮打碎）、花生仁四两（炒，去膜，打碎）、松子仁四两、瓜子仁二两、桂皮五分、砂仁五分。

【译】把南火腿煮熟，切成碎丁（如果火腿太咸，用水先泡淡，然后煮），去皮，只用瘦肉。锅上火烧热，加麻油烧热；加甜酱、白糖、甜酒，一并烧开，炒好；加入火腿丁和松子、核桃、瓜子等料，快速翻炒后取出，用瓷罐收贮。

这个方法中每一只火腿要用一斤好面酱、一斤麻油、一斤白糖、四两核桃仁（去皮打碎）、四两花生仁（炒后去膜，打碎）、四两松子仁、二两瓜子仁、五分桂皮、五分砂仁。

做猪油丸法

将猪板油切极细，加鸡蛋黄、绿豆粉少许，和酱油、酒调匀。用勺取收掌心，捏丸下滚水中，随下随捞。用香菰、冬笋俱切小条，加葱白同清肉汁和水煮滚，乃下油丸煮滚，取起，食之甚美。

【译】把猪板油切得特别细碎，加入少许鸡蛋黄、绿豆粉，用酱油、酒调匀。用勺把调制好的板油挖到掌心，捏成丸子状，放进开水中，随放随捞。把适量香菇、冬笋切成小条，加葱白和清肉汁、将水煮开，放入油丸煮开，出锅，非常好吃。

蒸猪头法

猪头先用滚水泡洗，刷割极净，才将里外用盐擦遍，暂置盆中二三时[1]久。锅中才放凉水，先滚极熟，后下猪头

① 时：时辰。中国古代将一天分为十二个时辰。

（所擦之盐，不可洗去）。煮至三五滚，捞起，以净布揩干内外水气。用大蒜捣极细烂（如有鲜柑花更妙）擦上，内外务必周遍。置蒸笼内，蒸至极烂，将骨拔去，切片，拌芥茉、柑花、蒜、醋，食之俱妙。

【译】猪头用开水泡洗，刷割干净，里外用盐擦遍，放到盆中两三个时辰（让盐入味）。锅中放凉水，先烧开，再放猪头（擦在猪头上的盐，不要洗掉）。煮到三五开后，捞起猪头，用干净的布擦干里外的水分。用捣烂的大蒜（如有鲜柑花更好）擦抹猪头，里外必须都擦到。再放蒸笼里，将猪头蒸到特别烂，把骨头拔掉，切成片，拌上芥茉、柑花、蒜、醋，非常好吃。

（蒸猪头）又法

猪头买来，悉如前法。洗净里面，生葱连根塞满，外面以好甜酱抹匀一指厚。用木头架于锅中，底下放水，离猪头一二寸许，不可淹着。上面以大瓷盆覆盖，周围用布塞极密，勿令稍有出气。慢火蒸至极烂，取出去葱，切片吃之，甚美。

【译】买来猪头，与前面程序一样。将猪头里外洗净，用生葱连根塞满，外面涂抹一指厚的好甜酱。用木头架在锅中，底下放水，距离猪头一两寸，不能淹到猪头。上面用大瓷盆扣上，周围用布塞严，不能有一丝漏气。慢火蒸到非常烂，取出来丢掉葱，切成片吃，味道非常好。

做肉松法

用猪后脚整个，紧火煮透，切大方斜块，加香蕈，用原汤煮至极烂，取精肉，用手扯碎。次用好甜酒、清酱、大茴末、白糖少许，同肉下锅，慢火拌炒至干，取起，收贮。

【译】取整个的猪后脚，用大火煮透。切成大方斜块，加香蕈，再用原汤煮到非常烂，只取瘦肉，用手扯碎。再用少许好的甜酒、清酱、大茴末、白糖，同肉一起下锅，慢火翻炒至肉干，取出来，收贮。

假火肉法

鲜肉用盐擦透，再用纸二三层包好，入冷水灰内，过一二日取出，煮熟食之，与火肉无二。

【译】把鲜肉用盐擦透，再包两三层纸，放到冷水灰里，过一两天取出，煮熟了吃，与火肉没有区别。

煮老猪肉法

以水煮熟，取出，用冷水浸冷，再煮即烂。

【译】老猪肉用水煮熟，取出，用冷水浸泡凉了，再煮肉就可以烂了。

腌肉法与前腌肉二条参看

猪宰完，破开，切成二斤或斤半块子，取去骨头。将盐研末，以手揾抹擦肉皮一遍。再将所取之骨，铺于缸底，先下（整花椒拌）盐一层，后下肉一层（其肉皮当向下）。总以一层肉，一层盐、椒，下完，面上多盖盐、椒，用纸封固，过十余天可吃。如吃时取出，仍用纸封固，勿令出气。其肉缸放不冷不暖之处方好。醃猪头亦如是，其骨弃之。

【译】宰完猪，剖开，切成二斤或一斤半的块，去掉骨头。盐研成末，用手把肉皮擦一遍。再用取出来的骨头，铺在缸底，先放一层盐（整个花椒与盐拌合），再下一层肉（肉皮朝下）。总是一层肉、一层盐和花椒，一直到放完为止。上面再多撒一些盐和花椒，用纸封好，过十几天就可以食用了。吃的时候取出，仍旧用纸封好，不要漏气。肉缸放在不冷不暖的地方才行。腌制猪头也是这样，骨头要扔掉。

风猪小肠法

猪小肠放磁盆内，先滴下菜油少许，用手搅匀。候一时久，下水如法洗净，切作节段（每节量长一尺许）。用半精白猪肉，锉极碎，下豆油、酒、花椒、葱珠[①]等料和匀。候半天久，装入肠内。只可八分，不可太满。两头扎紧。铺层笼内蒸熟，风干。要用，当再蒸熟，切薄片，吃之甚佳。

【译】把猪小肠放到瓷盆里，先滴入少许菜油，用手搅匀。过两小时后，加水洗净，切成段（每段长一尺左右）。用半肥半瘦的白猪肉，剁得很碎，下豆油、酒、花椒、珠葱等料拌匀。放置半天，装进肠子里。装八分满，不能太满。两头扎紧。铺在笼屉上蒸熟，风干。食用的时候，需要再蒸

① 葱珠：珠葱，俗称红衣葱，也叫毛葱。主要是供菜用的一种调味品，它葱味浓重，辛辣纯正，餐桌上用量很大。它还含有抗生素，吃它可以提高免疫力。

熟，切成薄片，非常好吃。

白煮肉法

凡要煮肉，先将皮上用利刀横立刮洗三四次，然后下锅煮之。随时翻转，不可盖锅，以闻得肉香为度。香气出时，即抽去灶内火，盖锅闷一刻[①]捞起，片吃食之有味。

又云：白煮肉，当先备冷水一盆置锅边，煮、拔三次，分外鲜美。

【译】凡是要煮肉，先用刀把皮横着刮洗三四次，然后下锅煮。随时翻转，不能盖锅，以能闻到肉香为标准。香气出来后，就撤去火，盖上锅盖闷一刻钟捞出，切成片吃，味道好。

又有的说：白煮肉，应当先准备一盆冷水放在锅旁边，煮、拔三次，格外鲜美。

风鸡（鹅、鸭）法

腌熏之法，与前腌熏猪肉同。但肉厚处，当剖开，加米醋少许。又，或起先竟不用盐腌，宰完时，剖开肉厚处，用豆油、面酱、酒、醋、花椒之类，和汁刷之，熏干，不时取出，再刷更佳。

【译】鸡（鹅、鸭）腌熏的方法，与前面介绍的腌熏猪肉一样。但肉厚的地方，要剖开，加少许米醋。另外，也可以一开始不用盐腌，宰完了以后，剖开肉厚的地方，用豆

① 刻：计时单位。中国古代将一昼夜分为一百刻。

油、面酱、酒、醋、花椒之类，调成汁刷抹，熏干，取出，再刷，再熏干，这样更好。

风板鸭法

每鸭一只，配盐三两、牙硝[①]一钱。将鸭如法宰完，去腹内，用牙硝研末，先擦腹及各处有刀伤者。然后将盐炒热，遍擦就好。俟水滚透，放下（鸡）鸭一滚，不可太久。捞起，即下冷水拔之，取起，下锅再滚，再拔。如是三五次，试熟，即可取吃（不可煮顿[②]致油走化，大减成色）。

【译】每只鸭，配三两盐、一钱牙硝。鸭宰好后，去腹脏。把牙硝研成末，先用牙硝末擦鸭腹和有刀伤的地方。然后再把盐炒热，用盐擦遍鸭子全身。等水开后，放进（鸡）鸭烧一开，不能太久。捞出来，放入冷水里拔一下，取出。再放进锅里烧开，再用冷水拔。这样往复三五次，感觉鸭子熟了，就能吃了（不能煮到走油，否则会大减成色，不好吃）。

焖鸡肉法

先将肥鸡如法宰洗，砍作四大块。用猪油下锅炼滚，下鸡烹之。少停一会，取起，去油，用好甜酱、花椒料，逐块抹上，下锅加甜酒，焖数滚熟烂，加葱花、香蕈，取起，吃之，甚美。

---

① 牙硝：亦称“焰硝”“硝石”。其主要成分为氧化钾，白色结晶状。粉碎后即可用于配制孔雀绿、毡包青等颜色釉，以及五彩、粉彩颜料。

② 顿：此处作舍弃解。意思是不可把煮得鸭走油太多。

【译】先把肥鸡宰杀、洗净，砍成四大块。把猪油下锅炼热，放鸡烹制。烹制一会儿，取出来，控掉油。用好的甜酱、花椒料，涂抹在每块鸡肉上。起锅，加甜酒，将鸡块焖上几开至肉烂，加入少许葱花、香蕈，出锅，吃起来味道非常好。

新鲜盐白菜[①]炒鸡法

肥嫩雌鸡，如法宰了，切成块子。先用荤油、椒料炒过，后加白水煨火燉之。临吃，下新鲜盐白菜，加酒少许。不可盖锅，盖则黄色不鲜。

【译】肥嫩的母鸡，宰好，切成块。鸡肉先用荤油、椒料炒了，然后加白水用煨火炖制。吃的时候，加入适量的新鲜腌白菜、少许酒，不能盖锅，否则黄色不鲜亮。

食牛肉干法

（鹿肉干同）

生肉切成大片，约厚一寸。将盐摊放平处，取牛肉块顺手平平丢下，随手取起，翻过再丢，两面均已沾盐。丢下时，不可用手按压。拿起轻轻抖去浮盐，亦不可用手抹擦。逐层安放盆内，用石压之。隔宿，将卤洗肉，取出铺排稻草上晒之，不时翻转。至晚收，放平板上，用木棍赶滚，使肉坚实光亮。随逐层堆板上，用重石压盖。次早取起，再晒至晚，再滚再压，内外用石压之。隔宿或一两天取起，挂在风

① 盐白菜：即用盐腌制的白菜。

处，一月可吃。

鸭有大小[①]，配盐当以每斤加一[②]左右（极多至加一五，切不可过多）。

【译】将生肉切成一寸厚大片。把盐摊放到平的地方，牛肉块（片）顺手平着丢到盐上，随手提起，翻过来再丢，让牛肉两面都粘上盐。丢的时候，不能用手按压。提起肉轻轻抖去浮盐，也不能用手抹擦。层层码放在盆里，用石头压上。第二天，用卤汁洗肉，再把肉铺在稻草上晒，经常翻转。到晚上收回来，平放在板上，用木棍擀（滚），让肉坚实光亮。将牛肉一层层堆在板上，用重石头压上。第二天早晨取出来再晒到晚上，再擀（滚）再压，里外都用石头压。过一两天后，挂在通风的地方，晾晒一个月就可以食用了。

鸭有大小，配盐的比例应当是每斤肉加一钱左右（最多到一钱五，千万不能太多）。

封鸡法

将鸡宰洗干净，脚弯处用刀锯下，令筋略断，将脚顺转插入屁股内。烘热，用甜酱擦遍，不滚油翻转烹之，俟皮赤红取起。下锅内，用水慢火先煮，至汤干鸡熟，乃下甜酒、清酱、椒、角[③]（整粒用之），再燉至极烂，加椒末、葱珠，用碗盛之，好吃（或将鸡砍作四大块及小块皆可，然总

① 鸭有大小：与标题不符。原文如此。

② 原文此处无计量单位，后同。疑为“钱”。

③ 角：疑为“八角”。

不及整个之味全）。

【译】鸡宰好洗净，脚弯的地方用刀锯到筋略微断开，把脚顺着转过，插进屁股内。烘热后，用甜酱将鸡擦抹一遍，不等油翻滚就下锅烹制，皮红后取出。起锅放入鸡，加水，慢火煮制，一直煮到汤干、鸡熟再加入甜酒、清酱、花椒、八角（整粒），再炖至鸡肉非常烂，加椒末、珠葱，用碗盛了，很好吃（也可以把鸡砍成四大块和若干小块都行，但是总不如整鸡的味道好）。

假烧鸡（鸭）法

将鸡（鸭）宰完洗净，吹[①]作四大块，擦甜酱，下滚油烹过，取起。下砂锅内，用好酒、清酱、花椒、角、茴同煮。至将熟，倾入铁锅内，慢火烧干至焦[②]，当随时翻转，勿使粘锅。

【译】将鸡（鸭）宰完洗净，砍成四大块，擦抹甜酱，下入热油中烹制，取出。将鸡（鸭）放入砂锅，加入好酒、清酱、花椒、八角、茴香，一并煮制。在鸡（鸭）快熟的时候，倒进铁锅，再用慢火烧干至鸡（鸭）的颜色发黄，随时翻动，避免粘锅。

顷刻熟鸡（鸭）法

用顶肥鸡（鸭）（不下水），干退毛后，挖一孔，取出腹

① 吹：系“砍”字之误。

② 焦：鸡经火烧而变黄。此处，非今人指烧成焦炭。

肉碎件，装入好梅干菜，令满。用猪油下锅炼滚，下鸡（鸭）烹之，至红色香熟，取起，剥去焦皮，取肉片吃，甚美。

【译】选用非常肥的鸡（鸭）（不用内脏），直接褪毛后，把鸡（鸭）挖一个洞，取出内脏，里面装满上好的梅干菜。用猪油下锅烧热，放入鸡（鸭）烹制到颜色发红、冒出香气、熟了后，取出，剥去外面的焦皮，取肉用刀片成片吃，味道好极了。

关东煮鸡（鸭）法

先用一盆冷水放在锅边，才用水下锅，不可太多，只淹得鸡（鸭）。第三日早取出，晾半天，装入坛内。如装久潮湿，取出再晾，此做牛肉干之法也。要吃时，取肉干切成二寸方块，用鸡汤或肉汤淹。

牛脯有二寸许，加大蒜瓣十数枚（不打破），同煮至汤干，取起。每块切作两块（须横切为妙），再拆作粗条约指头大，再用甜酒和好豆油（以牛脯多寡，配七八分），再煮至干，食之极美。

【译】先用一盆冷水放在锅边，锅中放水不宜太多，刚好淹没过鸡（鸭）。第三天早晨取出来，晾半天，装进坛子里。如果装在坛子里时间长了，鸡（鸭）潮湿，就取出来再晾晾，这是同于做牛肉干的方法。要吃的时候，把肉干切成二寸方块，用鸡汤或肉汤腌制。

牛肉脯切二寸左右，加十几枚大蒜瓣（不要打破），一起煮到汤干，取出。每块再切成两块（横着切最好），折成指头大小的粗条，再用甜酒和好豆油（以牛脯量的多少，配上七八分即可），再煮制到汤干，非常好吃。

食鹿尾法

此物当乘新鲜，不可久放。致油干肉硬，则味不全矣。法先用凉水洗净，新布裹密，用线扎紧，下滚汤煮一袋烟时，取起，退毛令净，放磁盘内，和酱及清酱、醋、酒、姜、蒜，蒸至熟烂，切片吃之。

又云：先用豆腐皮或盐酸菜包裹，外用小绳子或钱串[1]扎得极紧，下水煮一二滚，取起，去毛净，安放磁盘内，蒸熟片吃。

【译】鹿尾要吃新鲜的，不能放太久。等到油干肉硬，味道就不好了。先用凉水洗净，新布裹严，用线扎紧，放到开水中煮一袋烟的时间，取出后褪毛、收拾干净，放在瓷盘里，加入酱和清酱、醋、酒、姜、蒜，蒸到烂熟，切成片食用。

也有的说：先用豆腐皮或腌酸菜包起来，外面用小绳子或穿钱的绳子扎紧，放入水里煮一两开，取出来，毛去干净，放瓷盘里，蒸熟了，片着吃。

食熊掌法

先用温水泡软，取起，再用滚水烫，退去毛，令净。放

① 钱串：穿铜钱的绳子。

磁盘内，和酒、醋蒸熟，去骨，将肉切片，装磁盘内，下好肉汤及清酱、酒、醋、姜、蒜，再蒸至极烂。好吃。

【译】熊掌先用温水泡软，取出，再用开水烫，褪毛，收拾干净。放瓷盘里，加酒、醋蒸熟，去掉骨头，把肉切成片，装瓷盘里，再加入好肉汤及清酱、酒、醋、姜、蒜，一直蒸到非常烂。特别好吃。

炒野味法

炒野鸡、麻雀及一切山禽等类，皆当用茶油为主（无茶油则用芝麻油），切不可用猪油。先将茶油同饭粒数颗，慢火滚数滚，捞去饭颗，下生姜丝炙赤。将鸟肉配甜酱瓜、姜（切细丝），下去同炒数遍，取起。用甜酒、豆油和下再炒至熟。好吃。若麻雀取起时，当少停一会，才下去再炒。

【译】炒野鸡、麻雀和所有山禽类的做法，都应当以用茶油为主（没有茶油就用芝麻油），千万不能用猪油。先把茶油和几颗饭粒，用慢火开几开，捞出饭粒，加入生姜丝烤到焦红。把鸟肉配上甜酱瓜、姜（切成细丝），放在锅里一起炒几遍，取出。用甜酒、豆油拌匀再炒熟。非常好吃。如果是麻雀，取出来的时候，稍微放一会儿，再下锅炒。

煮燕窝法

用滚水一碗，投炭灰少许，候清，将清水倾起，入燕窝泡之，即霉黄亦白，撕碎洗净。次将煮熟之肉，取半精白切丝（加鸡肉丝更妙）。入碗内装满，用滚肉汤淋之，倾出再淋两三次。其燕窝另放一碗，亦先淋两三遍，俟肉丝淋完，乃将燕窝逐条铺排上面，用净肉汤，去油留清，加甜酒、豆油各少许，滚滚淋下，撒以椒面[1]吃之。

又有一法。用熟肉锉作极细丸料，加绿豆粉及豆油、花椒、酒、鸡蛋清作丸子（长如燕窝）。将燕窝泡洗撕碎，粘贴肉丸外包密，付滚汤烫[2]之，随手捞起。候一齐做完烫好，用清肉汤作汁，加甜酒、豆油各少许，下锅先滚一二滚，将丸下去再一滚，即取下碗，撒以椒面、葱花、香菰，吃之甚美。或将燕窝包在肉丸内作丸子，亦先烫熟。余同。

【译】一碗开水，放少许炭灰，等水清了，把清水倒出来，放入燕窝浸泡，即使发霉变黄的燕窝也会变成白色，再将燕窝撕碎洗净。把煮熟的半肥半瘦的肉切成丝（加上鸡肉丝更好）。碗里装满肉丝，用烧开的肉汤淋，倒出后再淋两三次。燕窝另外放一个碗里，也先淋两三遍，等肉丝淋完，把燕窝逐条铺在上面，净肉汤去油后只留清汤，加甜酒、豆油各少许，滚开后淋在将燕窝上，撒上椒盐吃。

还有一个方法。将熟肉制成非常细的丸料，加入绿豆粉和豆油、花椒、酒、鸡蛋清做成丸子（大小像燕窝一样）。燕窝泡洗、撕碎，粘贴在肉丸的外面，包裹严实，放开水里烫，随手捞出。等都烫好以后，用清肉汤做汁，加少许甜

---

① 椒面：疑指椒盐。

② 烫：原作“盪（dàng）”，误。径改，下同。

酒、豆油，下锅先开一两开，再把丸子下去开一开，将丸子取出，盛到碗里，撒上椒盐、葱花、香菇，味道鲜美。如果把燕窝包在肉丸里做成丸子，也是先烫熟。剩下都一样。

煮鱼翅法

鱼翅整个用水泡软，下锅煮至手可撕开就好，不可太烂。取起，冷水泡之，撕去骨头及沙皮，取有条缕整瓣者，不可撕破，铺排扁内，晒干，收贮磁器内。临用，酌量碗数，取出用清水泡半日，先煮一二滚，洗净，配煮熟肉丝或鸡肉丝更妙。香菰同油、蒜下锅，连炒数遍，水少许煮至发香，乃用肉汤，才淹肉就好，加醋再煮数滚，粉水[①]少许下去，并葱白再煮滚下碗。其翅头之肉及嫩皮加醋、肉汤，煮作菜吃之。

【译】整个鱼翅用水泡软，下锅煮到可以撕开就行，不能太烂。取出用冷水浸泡，撕去骨头和沙皮，选用整瓣有条缕的，不能撕破，铺放在扁内，晒干，收贮在瓷器里。用的时候，分好碗数，取出来用清水泡半天，先煮一两开，洗干净，配上熟肉丝或鸡肉丝一起煮更好。起锅，加油、香菇、蒜，连炒几遍，用少许水煮到发出香味，再加入刚好没过肉的肉汤，加醋再煮几开，加入少许芡汁，放葱白再煮开，然后分盛到碗里。翅头的肉和嫩皮可加醋、肉汤，煮成菜吃。

---

① 粉水：豆粉和之以水的芡汁。

煮鲍鱼法

先用药剪切薄片子，水泡洗，煮熟捞起。配新鲜肉，精的打横切薄片子，下锅先炒出水，煮至水干（看肉若未熟，当再下点水煮干熟）。才将鲍鱼下去，加蒜瓣（切薄片子）、半茶瓯[1]肉汤和粉同炒（汤、粉不可太多，亦不可太少，总以硬软得宜为要），至粉、蒜熟取起。此项不可下盐、酱，以鲍质本咸故也。

【译】先用药剪把鲍鱼切成薄片，用水泡洗，煮熟捞出。将鲜瘦肉打横切成薄片，下锅里先炒出水，再煮到水干（如果肉没熟，再放点水煮到干熟）。把鲍鱼放进去，加蒜瓣（切成薄片）、半茶杯肉汤和粉一起炒（汤、粉不能太多，也不能太少，以软硬合适为标准），粉、蒜熟了取出。此菜不能放盐和酱，因为鲍鱼本身就是咸的。

煮鹿筋法

筋买来，尽行用水泡软，下锅煮之，至半熟后捞起，用刀刮去皮，骨取净，晒干收贮。临用取出，水泡软，清水下锅煮至熟（但不可烂耳）取起。每条用刀切作三节或四节，用新鲜肉带皮切作两指大片子，同水先下锅内，慢火煮至半熟，下鹿筋再煮一二滚，和酒、醋、盐、花椒、八角之类，至筋极烂，肉极熟，加葱白节，装下碗。其醋不可太多，令吃者不见醋味为主。

---

① 瓯：杯子。

【译】鹿筋买来后，用水泡软，下锅煮，煮到半熟后捞出，用刀刮去皮，骨头取干净，晒干收贮。用的时候，加水泡软，清水下锅煮熟（但不能烂）取出。每条用刀切成三节或四节，用带皮的新鲜肉切成两指厚的大片，下锅并加水，慢火煮到半熟，放入鹿筋再煮一两开，加入适量的酒、醋、盐、花椒、八角等调料，煮到筋特别烂了，肉非常熟了，再加葱白段，盛到碗里。醋不能加太多，让吃的人感觉不到醋味才最好。

炒鳝鱼法

先将鱼付滚水抄烫卷圈，取起，洗去白膜，剔取肉条，撕碎。用麻油下锅，併姜、蒜炒拨数十下，加粉、卤、酒和匀，取起。

【译】鳝鱼放到开水里烫成卷，捞出，洗掉白膜，剔成肉条，撕碎。起锅下麻油，加入适量姜、蒜煸炒，加入芡汁、卤、酒，翻炒拌匀，取出。

顿[①]脚鱼[②]法

先将脚鱼宰死，下凉水泡一会，才下滚水烫洗，刮去黑皮，开甲，去腹肠肚秽物，砍作四大块。用肉汤并生精肉、姜、蒜同顿，至鱼熟烂，将肉取起，只留脚鱼，再下椒末。其蒜当多下，姜次之。临吃时，均去之。

① 顿：疑为“炖”之误。

② 脚鱼：甲鱼。

【译】先把甲鱼宰了，用凉水泡一会儿，再放到开水里烫洗，刮掉黑皮，打开甲，去掉腹中脏器和脏东西，砍成四大块。用肉汤和生的瘦肉、姜、蒜一起炖制，直到甲鱼烂熟，把瘦肉取出，只留下甲鱼，再加入胡椒末。蒜要多放，姜略少些。吃的时候，把这些东西都拿出去。

（顿脚鱼）又法

大脚鱼一个，对配大笋鸡[①]一个，各如法宰洗。用大磁盆，底铺大葱一重，併蒜头、大料、花椒、姜。将鱼、鸡安下，上盖以葱，用甜酒、清酱和下淹密，隔汤炖二柱香[②]久，熟烂，香美。

【译】一只大甲鱼，配一只大个的笋鸡，各自宰好洗净。取大瓷盆，盆底铺一层大葱，加入蒜头、大料、花椒、姜。将甲鱼、鸡在调料上放好，上面再盖葱，用甜酒、清酱调匀，淹没过甲鱼和鸡，隔水炖两炷香的时间，一直到熟烂，味道香美。

醉螃蟹法

用好甜酒与清酱（对配合酒七分、清酱三分），先入坛内。次取活蟹（已死者不可用），用小刀于背甲当中处扎一下，随用盐少许填入。乘其未死，即投入坛中。蟹下完后，将坛口封固，三五日可吃矣。

---

① 笋鸡：小而嫩的鸡。

② 二柱香：即连续烧尽两支香的时间。当时无钟表，人们就常以烧香计时。

【译】用好的甜酒与清酱（比例是七分酒、三分清酱），混合后先放进坛子里。再挑活蟹（死的不要），用小刀在蟹背中间的地方扎一下，将少许盐填进去。趁蟹还没死，就放进坛中。放完后，把坛口封好，三五天就可以食用了。

醉鱼法

用新鲜鲤鱼，破开，去肚内杂碎，腌二日，翻过再腌二日，即于卤内洗净，再以清水净，晾干水气，入烧酒内洗过，装入坛内。每层鱼各放些花椒，用黄酒灌下，淹鱼寸许。再入烧酒半寸许，上面以花椒盖之，泥封口。总以鱼只装得七分，黄酒淹得二分，加烧酒一分，可成十分满足。吃时，取底下的。放猪板油细丁，加椒、葱（刀切极细如泥），同顿极烂食之，真佳品也。

如遇夏天，将鱼晒干，亦可如法醉之。

【译】把新鲜鲤鱼破肚去内脏，腌两天，翻过来再腌两天，在卤水内洗净，用清水再洗干净，晾干水分，在烧酒里浸一下，装入坛中。每层鱼各放些花椒，用黄酒灌进去，没过鱼身一寸多，再放半寸多烧酒，上面用花椒盖上，用泥封口。总以鱼七成、黄酒二成、烧酒一成，即装满坛子。吃的时候，要取下面的鱼。放猪板油细丁，加入辣椒、葱（用刀切得很细，像泥一样），与鱼一起炖烂，真是绝佳美味。

如遇到夏天，把鱼晒干，也可以用这个办法醉腌。

糟鱼法

将鱼破开，不下水，用盐腌之。每鱼一斤，约用盐二三两，腌二日，即于卤内洗净，再以清水摆净，去鳞翅及头尾，于日中晒之。候鱼半干（不可太干），砍作四块或八块（肉厚处再剖开），取做就之糟（即前法所云：挤酒之糟，加盐少许，装入坛内，候发香糟物者是也。）听用。每鱼一层，盖糟一层，上加整花椒，逐层用糟及椒安放坛内。加糟汁少，微觉干，便取好甜酒酌量倾入，用泥封坛口，四十天后可吃。临吃时，取鱼带糟，用猪板油细丁，拌入碗盛蒸之。

糟猪、鸡等肉同法。但鱼用生的入糟，猪、鸡等肉须煮熟乃可。

【译】将鱼开膛，不下水，用盐腌。每斤鱼，用二三两盐，腌两天，在卤汁内洗净，再用清水洗净，去鳞、翅和头尾，在正午的太阳下晾晒。等鱼半干（不能太干），砍成四块或八块（肉厚的地方再剖开），取做好的糟（就是前面说的：挤酒的糟，加少许盐，装坛，香味出来就是糟了。）备用。每层鱼，盖一层糟，上面加整粒花椒，逐层用糟及花椒放好。加少许糟汁，要是觉得干，就倒入适量的好甜酒，用泥封好坛口，四十天后就可以食用了。吃的时候，连鱼带糟都用猪板油细丁拌匀，放到碗里蒸熟。

糟猪、鸡等肉和这个方法一样。不过鱼是生的加糟，猪、鸡等肉需要煮熟后再加糟。

顷刻糟鱼法

将腌鱼洗淡，以糖霜[1]入火酒内，浇浸片刻，即如糟透。鲜鱼亦可用此法。

【译】把腌鱼洗淡，用白糖抹匀，放到火酒里，浇浸一会儿，就像糟透一样。鲜鱼也可以用这个方法。

作鱼松法

用粗丝鱼，如法去鳞肚，洗净。蒸略熟取出，去骨净尽，下好肉汤煮数滚取起。和甜酒、微醋、清酱，加八角末、姜汁、白糖、麻油少许和匀，下锅拌炒至干，取起，磁罐收贮。

【译】用肉丝粗的鱼，去掉鳞肚，洗干净。蒸到微熟后取出，去净鱼骨，下好肉汤煮几开取出。起锅，加甜酒、微醋、清酱，再加入少许八角末、姜汁、白糖、麻油调匀，将鱼肉放进锅里炒干，取出，装入瓷罐里收贮。

酥鱼法

不拘何鱼，即鲫鱼亦可。凡鱼，不去鳞，不破肚，洗净。先用大葱厚铺锅底下，一重鱼，铺一重葱，鱼下完，加清酱少许，用好香油作汁，淹鱼一指，锅盖密。用高粱杆火煮之，至锅里不响为度。取起吃之甚美，且可久藏不坏。

【译】无论什么鱼，即使是鲫鱼也行。将鱼洗干净，不用去鳞、不用破肚。先用大葱厚厚地铺在锅底下，然后铺

---

① 糖霜：白糖。

一层鱼，再铺一层葱，鱼下完后，加少许清酱，用好麻油做汁，淹过鱼身一个手指，盖严锅。用高梁秆烧火煮鱼，到锅里听不到响声了，鱼就做好了。酥鱼吃起来味道非常鲜美，而且可以保存很长时间不会坏。

虾羹法

将鲜虾剥去头、尾、足、壳，取肉切成薄片，加鸡蛋、菉豆[1]粉、香圆丝、香菇丝、瓜子仁和豆油、酒调匀。乃将虾之头、尾、足、壳，用宽水煮数滚，去渣澄清。再用猪油同微蒜炙滚，去蒜，将清汤倾和油内煮滚，乃下和匀之虾肉等料，再煮滚，取起。不可太熟。

【译】把鲜虾剥掉头，去尾、足、壳，取肉切成薄片，加入鸡蛋、绿豆粉、香圆丝、香菇丝、瓜子仁，和豆油、酒调匀。起锅多放水，把虾的头、尾、足、壳煮开锅几次，去掉渣滓，澄清汤汁。再起锅，加猪油、少许蒜，烧热，捞出蒜，把清汤倒进油里，煮开，加入调好的虾肉等料，再煮开，捞出即可。不要太熟了。

鱼肉耐久法

夏月鱼肉安香油，久之不坏。

【译】夏天的鱼肉加入麻油，久放不坏。

---

① 菉（lù）豆：绿豆。

夏天熟物不臭法

大瓮[①]一个，择其口宽大者，中间以梗灰[②]干铺于底，将碗盛物放在上面。瓮口将小布棉褥盖之。再以方砖压之，勿令透风走气。经宿虽盛暑不臭。明日将要取用，先烧热锅，即倾入重热，若少停，便变味。

【译】取宽口的大瓮一个，用生石灰铺在瓮底，把要保存的东西盛放在碗里，放在生石灰上面。瓮口用小布棉褥盖上，再用方砖压好，不要透风走气。即便是夏天最热的时候保存一夜也不会发臭。第二天要吃之前，先烧热锅，再把碗里的东西倒进锅里重新加热即可。如果稍微停顿一会儿，食物就会变味。

① 瓮：盛酒、水的陶器。

② 梗灰：成块的生石灰，作干燥剂用。

卷下

腌盐蛋法

用芦草灰、木炭灰（或稻草灰亦可），二灰用六成、七成，黄土用四成、三成，有粘性，可粘住就好。灰、土拌成一块。每三升土灰配盐一升，酒和泥，塑蛋。大头向上，小头向下，密排坛内。十多天或半月可吃。合泥切不可用水，一用水，即蛋白坚实难吃矣。

【译】腌咸蛋用芦草灰、木炭灰（或稻草灰也可以），用六成、七成灰配四成或三成黄土，保证能粘在蛋上就行。把灰、土拌成一块。三升土灰配一升盐，加酒和成泥，裹在蛋的外面。蛋的大头向上，小头向下，分别排在坛子里。过十多天或半个月就可以食用了。和泥千万不能用水，一用水，蛋白会发硬，不好吃。

变蛋法

用石灰、木炭灰、松柏枝灰、垄糠灰四件（石灰须少，不可与各灰平等），加盐拌匀。用老粗茶叶煎浓汁调拌不硬不软，裹蛋，装入坛内，泥封固，百天可用。其盐每蛋只可用二分，多则太咸。

【译】用石灰、木炭灰、松柏枝灰、垄糠灰四样（石灰要少，不能和其他灰一样多），加盐拌匀。再用老粗茶叶煎煮的浓汁调拌成泥，泥要不硬不软适度，用泥将蛋包裹住，装进坛子里，用泥封好坛口，过一百天就可以食用了。每只蛋只能用二分盐，多了会太咸。

（变蛋）又法

用芦草、稻草灰各二分，石灰各一分，先用柏叶带子捣极细，泥和入三灰内，加垄糠拌匀，和浓茶汁，塑蛋，装坛内，半月、二十天可吃。

【译】用芦草、稻草灰各二分，石灰一分，先用柏叶带子捣成泥和入三种灰内，加入垄糠拌匀，再兑入浓茶汁和成泥，用泥包裹蛋，并装进坛子里，过半个月或二十天就可以食用了。

酱鸡蛋法

用鸡蛋带壳洗极净，腌入酱内，一月可吃（但不用煮）。取黄生吃之甚美，其清化如水，可搵物，当豆油用之。

【译】鸡蛋带壳洗干净，腌进酱里，过一个月可以食用（蛋不用煮）。蛋黄生吃更好，蛋清化成水，可浸泡东西，当豆油用。

白煮蛋法

将蛋同凉水下锅，煮至锅边水响，捞起，用凉水泡之，候蛋极冷，再放下锅二三滚，取起。其黄不熟不生，最为有趣。

【译】将蛋和凉水一起下锅，煮到锅边水响，捞起，用凉水泡，等蛋冷透，再放入锅里煮两三开，取出。蛋黄半生不熟，非常有趣。

蛋卷法

用蛋打搅匀，下铁勺内。其勺当先用生油擦之乃下蛋。煎之当轮转，令其厚薄均匀，候熟揭起后做心，逐次煎完，压平。用猪肉半精白[①]的，刀剉[②]（不可太细），和菉豆粉、鸡蛋清、豆油、甜酒、花椒、八角末之类（或加盐落花生更妙），并葱珠等下去，搅匀。取一小块，用煎蛋饼卷之，如卷薄饼样。将两头轻轻折入，逐个包完。放蒸笼内蒸熟吃之，其味甚美。

【译】将蛋打搅匀后倒入铁勺。勺要先用生油擦了，再放入蛋。煎时轮转铁勺让蛋液厚薄均匀，等熟了揭起后做心，依次煎完，压平。用半肥半瘦的猪肉剁成末（不用太细），加入适量绿豆粉、鸡蛋清、豆油、甜酒、花椒、八角末之类的调料（加入盐落花生更好），并与珠葱等一起放入，搅拌均匀。取一小块拌好的馅料，用煎蛋饼卷好，像卷薄饼一样，把蛋饼两头轻轻折入，依次包完。放到蒸笼里蒸熟后食用，味道很鲜美。

乳蛋法

每用牛乳三盏[③]，配鸡蛋一枚、胡桃仁一枚（研极细末）、冰糖少许（亦研末）和匀，蒸熟吃之，甚美。兼能补益（老人虚燥者；有痰者，加老姜汁一茶匙，更妙）。

---

① 精白：肥、瘦均有的肉。

② 剉（cuò）：古同“锉”。

③ 盏：小杯。如酒盏、茶盏。

【译】三盏牛乳，配一枚鸡蛋、一枚胡桃仁（胡桃仁要研成粉末）、少许冰糖（也研成末）调和均匀，蒸熟了吃，味道特别好。对人还有滋补的好处（治老人虚燥；有痰的人，可再加一茶匙老姜汁，效果会更好）。

作大蛋法

用猪尿胞[①]一个，将灰拌，用脚踹踏[②]至大。不拘鸡、鹅、鸭蛋，一样打破，倾碗内，（随用多少）调合装入胞内，扎紧口。外用油纸包裹，沉井底一夜。次日取出，煮熟剥开胞，内黄白照旧，如大蛋一般，甚妙。

【译】一个猪尿泡，用灰拌了，再用脚踩踏使它变大。无论鸡、鹅、鸭蛋，打破倒进碗里，（多少根据需求定）调和以后装进猪尿泡里，扎紧口。外面用油纸包裹，沉到井底过一夜。第二天取出，煮熟后剥开猪尿泡皮，里面黄白不变，像一个很大的蛋，非常有意思。

治乳牛法

拣带囝[③]子母牛，如法加料喂之。不令饮水，单用饭汤饮之，以助乳势。每日可挤两次。早晚临取时，用热水将肚下及乳房处先烫洗一遍，去其臭味；然后再用热水烫洗其乳，令热。欲挤之，手亦要烫热。挤之即下。此一定之法。

① 猪尿（suī）胞：应为“猪尿泡”，猪膀胱。

② 踹（chuài）踏：用脚踩踏。

③ 囝（jiǎn）：方言，即儿子。此处有“崽”之意。

若非烫热，半点不下。

【译】选带崽的母牛，加料喂它。不让它喝水，只让它喝饭汤，用来增乳。每天可以挤两次。早晚要挤奶的时候，用热水把牛肚子下面和乳房先烫洗一遍，去除臭味；然后再用热水烫洗，使乳房变热。挤奶的时候，手也要烫热，这样一挤就出奶。这是规律。如果不烫热，一点奶也挤不出来。

取乳皮法

将乳装入钵内，安滚水中烫滚，用扇打之，令面上结皮，取起。再扇再取，令尽。弃其清乳不用，将皮再下滚水，置火中煎化（约每入[1]配水一碗），下好茶卤一大杯，加芝麻、胡桃仁，各研极细，筛过调匀，吃之甚好。若要咸，加盐卤少许。若将乳皮单吃，补益之功更大。

【译】把牛乳装入钵里，在开水中烫开，用扇子扇，让乳面上结皮，取起乳皮。再扇再取，直到取完为止。清乳去掉不用，把乳皮再放入开水中，放在火上煎化（每张配一碗水），准备一大杯茶卤，加筛好并研成末的芝麻、胡桃仁，吃着味道很好。如果要咸些，加少许盐。如果单吃乳皮，滋补的功效更大。

作乳饼法

初次，用乳一盏，配好米醋半盏，和匀，放滚水中烫热，用手捏之，自然成饼。二次，将成饼原水，只下乳一

① 入：原书如此，按意，“入”似应作“张”。

盏，不用加醋。三、四次，各加米醋少许，原水不可丢弃。后仿此。其乳饼若要吃咸些，仍留原汁，加盐少许亦可；或将乳、醋各另盛一碗，置滚水中，预先烫热，然后量乳一杯，和醋少许捏之成饼。二、三次时，乳中之汁，若剩至太多，即当倾去，只留少许。

【译】做乳饼时，第一次用一盏乳，配半盏好米醋，搅匀，放开水里烫热，用手捏成饼；第二次，把成饼的水，只加入一盏乳，不加醋；第三、四次，各加少许米醋，原水不能丢。以后仿照这个办法。要吃咸一些的乳饼，留原汁，加少许盐即可；或者各另盛一碗乳、醋，放开水中，预先烫热，然后用一杯乳兑少许醋捏成饼。第二、三次时，乳里的汁，要是剩得太多，就倒掉，只留少许就可以。

芝麻茶法

先用芝麻去皮，炒香磨细，先取一酒杯下碗，入盐少许，用筷子顺手打至稠。硬不开，再下盐水顺打至稀稠，约有半碗多，然后用药茶熬酽，俟略温，调入半碗，可作四碗吃之。

【译】芝麻去皮，炒香磨细，盛一酒杯放进碗里，加少许盐，用筷子顺手（顺时针方向）打稠。如果打不开，就再加盐水顺手打，大概有半碗多，然后用药茶熬浓稠，等略微温了，调入半碗，可分成四碗吃。

（芝麻茶）又法

用牛乳隔水顿二三滚，取起，凉冷结皮，将皮揭尽，配碗和芝麻茶吃。

【译】牛乳隔水炖两三开，取起，放置凉冷后结乳皮，把乳皮揭完，用碗配上芝麻茶吃。

杏仁浆法

（作茶吃）

先将杏仁泡水，去皮尖，与上白饭米对配，磨浆坠水，加糖顿熟，作茶吃之，甚为润肺。或单用杏仁磨浆加糖亦可。或用杏仁为君①，米用三分之一。无小磨，用臼捣烂，布滤。

【译】杏仁泡水，去皮、尖，与上等白饭米一比一配好，磨成浆倒进水里，加糖炖熟，当成茶喝，特别润肺。也可以只用杏仁磨浆加糖。或者以杏仁为主，加三分之一的米。如果没有小磨，可以用臼捣烂，用布过滤。

千里茶法

白沙糖四两、白茯苓三两、薄荷叶四两、甘草一两，共为细末，炼蜜为丸，如枣子大。每用一丸噙化，可行千里之程不渴。

【译】四两白沙糖、三两白茯苓、四两薄荷叶、一两甘草，一起研成细末，炼蜜为丸，像枣一样大。需要的时候取

① 为君：即为主。

一丸放嘴中含化，能够走很远的路都不会口渴。

蒸黏[1]糕法

每糯米七升，配白饭米二升，清水淘净。泡隔宿捞起，舂粉筛细，配白糖五斤（红糖亦可），浇水拌匀，以用手抓起成团为度，不可太湿。入笼蒸之，俟熟倾出凉冷。放盆内，用手极力揉匀，至无白点为度。再用笼圈安放平正处，底下及周围俱用笋壳铺贴，然后下糕，用手压平，去圈成个。

【译】每七升糯米，配二升白饭米，用清水淘净。泡一夜捞出，舂成粉再过箩筛细，加五斤白糖（红糖也行），浇水拌匀，以用手可以抓起来成团为标准，不能太湿。放入蒸笼里蒸，蒸熟后倒出晾凉。将做好的凉糕放盆里，用手使劲揉匀直到看不见白点。再把笼圈放在平正的地方，底下和周围全都用笋壳铺上，然后放入糕，用手压平，拿掉圈就成了一个了。

蒸鸡蛋糕法

每面一斤配蛋十个、白糖半斤，合作一处，拌匀，盖密，放灶上热处。过一饭时，入蒸笼内蒸熟，以筷子插入，不粘为度。取起候冷定，切片吃。

若要做干糕，灶上热后，入铁炉熨之。

【译】每斤面配十个鸡蛋、半斤白糖，混在一起，拌

① 黏：粘。胶附曰粘。

匀，盖严，放在灶上热的地方。过一顿饭的时间，放在蒸笼里蒸熟，用筷子插进去，不粘就可以了。取出放凉后，切成片吃。

如果要做干糕，灶上放热了以后，再放入铁炉烘烤。

蒸萝卜糕法

每饭米八升，加糯米二升，水洗净，泡隔宿，舂粉筛细。配萝卜三四斤，刮去粗皮，擦成丝。用猪板油一斤，切丝或作丁，先下锅略炒，次下萝卜丝同炒，再加胡椒面、葱花、盐各少许同炒。萝卜丝半熟，捞起候冷，拌入米粉内，加水调极匀（以手挑起，坠有整块，不致太稀），入笼内蒸之（先用布衬于笼底），筷子插入不粘，即熟矣。

【译】八升白饭米，加二升糯米，用水洗净，泡一夜，舂成粉过箩筛细。将三四斤萝卜，去皮，擦成丝。用一斤猪板油切成丝或丁，先下锅里略炒，再放萝卜丝一起炒，再加少许胡椒面、葱花、盐同炒。在萝卜丝半熟的时候，捞起来晾凉，拌入米粉，加水调匀（用手挑起，要有整块落下，以免太稀），放笼内蒸（先用布衬在笼底），用筷子插进去不粘，就蒸熟了。

（蒸萝卜糕）又法

猪油、萝卜、椒料俱不下锅，即拌入米粉同蒸。

【译】猪油、萝卜、椒料都不下锅炒，拌进米粉里一起蒸即可。

蒸西洋糕法

每上面一斤，配白糖半斤、鸡蛋黄十六个、酒娘[①]半碗，挤去糟粕，只用酒汁，合水少许和匀，用筷子搅，吹去沫，安热处令发。入蒸笼内，用布铺好，倾下蒸之。

【译】一斤上好的面，配上半斤白糖、十六个鸡蛋黄、半碗酒糟，挤掉糟，只用酒汁，兑少许水调匀，用筷子搅动，吹去浮沫，放在热的地方醒发。醒发后放入蒸笼里，用布铺好，全部蒸熟。

作绿豆糕法

绿豆粉一两，配水三中碗，和糖搅匀，置砂锅中，煮打成糊，取起，分盛碗中，即成糕。

【译】一两绿豆粉，配三中碗水，与糖搅匀，放进砂锅里，煮成糊，取出分盛到碗里，就做成绿豆糕了。

蒸莴菜糕法

饭米一斗，用水洗泡，配菜叶五斤洗净，切极细，拌米，合磨成浆。将糖和微水下锅，煮至滴水成珠，倾入浆内搅匀，用碗量，入蒸笼内蒸熟。才重重仿此下去，如蒸九重糕法。甚美。每重以薄为妙。

【译】一斗饭米，用水洗泡，配五斤洗干净的莴菜叶，切细，拌入米，磨成浆。糖和少量水下锅，煮到滴水成珠，全部倒进浆内搅拌匀，用一碗的量，放蒸笼里蒸熟。一层层照这样

① 酒娘：即醪糟，江米酒。

放进去，像蒸九重糕的方法一样。味道很好。每层越薄越好。

蒸茯苓糕法

用软性好饭米，舂得极白，研面用极细筛筛过。每斤面配白糖六两拌匀，下蒸笼内，用手排实（未下时，先垫高丽纸一重）蒸熟。

【译】将软的好饭米舂得非常白，研成面再用很细的筛子筛过。每斤面配六两白糖拌匀，放入蒸笼里，用手拍瓷实（没放进去的时候，先在蒸笼内垫一层高丽纸），蒸熟即可。

（蒸茯苓糕）又法

用七成白粳米，三成白糯米，再加二三成莲肉、芡实、茯苓、山药等末，拌匀，蒸之。

【译】用七份白粳米、三份白糯米，再加两三份莲肉、芡实、茯苓、山药等一并研成末，拌均匀，蒸熟即可。

（蒸茯苓糕）又法

用上好白饭米，洗净晾干，不可泡水，研极细面。再用上白糖，每斤配水一大碗搅匀，下锅搅煮收沫，数滚取起，候冷，澄去滓底，即取多少洒入米面令湿，用手随洒随搔，勿令成块，至潮湿普遍就好。先用净布铺于层笼底，将面筛下抹平，略压一压，用铜刀先行剖划条块子，蒸熟，取起，候冷，摆开，好吃。

【译】将上好的白饭米，洗净晾干，不能泡水，研成细面。再用上好的白糖，每斤配一大碗水搅匀，下锅煮，边搅动边收沫，烧开几次后取出晾凉，澄清。用糖水（随便取多少）洒在米面上，用手随洒随抹，避免结成块，让米面全都潮湿就好了。先将净布铺在笼底层，把面过筛抹平，略微压一压，用铜刀预先划成条块儿，蒸熟，取出，晾凉，摆开，就可以吃了。

（蒸茯苓糕）又法

亦用饭米洗泡舂粉，用白糖水和拌，筛下蒸笼内打平，再筛馅料一重，又筛米面一重（若要多馅，仿此再加二三重皆可）。筛完抹平，用刀划开块子，中央各点红花，蒸熟（此一名封糕。馅料用核桃肉、松、瓜等仁，研碎筛下）。

【译】同样用白饭米洗泡并舂成粉，加入白糖水拌匀，过箩筛后在蒸笼里打平，再筛一层馅料，再筛一层米面（如果要馅多，再加二三层也可以）。筛完抹平，用刀划成块儿，中间点上红花，蒸熟即可（这又叫封糕。馅料用核桃肉、松子、瓜子等仁，研碎并过筛）。

松糕法

（即发糕）

用上白饭米，洗泡一天，研磨细面，糖亦如茯苓糕提法。二者俱备一杯面、一杯糖水，一杯清水加入数子（即包子店所用麵发面也），搅匀，盖密，令发至透，下层笼蒸之。要用红的，加红麴末；要绿加青菜汁；要黄加姜黄，即各成颜色。

【译】用上好的白饭米，洗净泡一天，研磨成细面，糖水也像茯苓糕的提法一样。准备一杯面、一杯糖水，一杯清水加入酵子（就是包子店里用的麵发面），搅匀，盖严，让它醒发透，放进多层蒸笼蒸熟即可。如要吃红色的，就加些红曲末；要吃绿色的，就加些青菜汁；要吃黄色的，就加些姜黄。加什么颜色的材料就成什么颜色的糕。

煮西瓜糕法

拣上好大西瓜劈开，刮瓤捞起另处，瓜汁另作一处。先将瓜瓤沥水下锅煮滚，再下瓜瓤同煮，至发粘，取起秤重，与糖对配。将糖同另处瓜汁下锅煮滚，然后下瓜瓤煮至滴水不散，取起，用罐装贮（具子另拣妙香，取仁下去）。如久雨潮湿发霉，将浮面霉点用筷子拣去，连罐坐慢火炉上，徐徐滚之，取起勿动。

【译】选上好的大西瓜劈开，刮瓤捞出，瓜汁另外放。瓜瓤沥干水分放锅里煮开到发黏，取出称重，配等重的白糖。白糖和另放的瓜汁一起下锅煮开，然后下瓜瓤煮到滴水不散，取出，用罐装好（将瓜籽另选好的、香的，取仁放进去）。如果天气连阴雨潮湿发霉了，就把浮在上面的霉点用筷子拣出去，再把罐子坐炉上慢火烧，慢慢煮开，取下来不要动。

山查[1]糕法

将鲜山查水煮一滚，捞起，去皮核，取净肉捣烂。再用

① 山查：即山楂。

细竹筛子磨擦去根，秤重，与白糖对配。不红，加红颜料拌匀，或印，或摊，整个切条块，收贮。倘水气不收难放，用炉灰排平，隔纸将糕排在纸上，纸盖一二天，水气收干，装贮。

【译】鲜山楂用水煮一开，捞起，去掉皮和核，把山楂肉捣烂。再用细竹筛子磨掉根，称重量，与白糖一比一配好。如果颜色不红，就加入红颜料拌匀，可以扣模，也可以摊开，整个切成条儿、块儿，收起贮存。水汽如果不收干便很难存放，所以用炉灰在底下排平，隔一层纸把糕放在上面，纸盖一两天，水汽收干后，再收起贮存。

（山查糕）又法

水煮熟，去皮留肉并核，将煮山查之水下糖煮滚，浸泡查肉。酸甜可作围碟之用。

木瓜、橙子、橘子皆可作糕，但当蒸熟，去皮，捣烂，擦细，加糖，与山查糕一样做法。

【译】山楂用水煮熟，去皮、核，留山楂肉，煮山楂的水放白糖煮开，浸泡山楂肉。酸甜可口，可以当小菜围碟用。

木瓜、橙子、橘子都能做糕，应当蒸熟，去皮，捣烂，擦细，加糖，与做山楂糕的方法一样。

蔷薇糕法

蔷薇天明初开时，取来不拘多少，去心蒂及叶头有白处，铺于罐底，用白糖盖之，扎紧。明日再取，如法。后仿此。候花过，将罐内糖花不时翻转，至花略烂，将罐坐于微火煮片时，加饴糖和匀，扎紧候用。

【译】取天明初开的蔷薇，多少都可以，去掉花心、蒂和叶头有白的地方，铺在罐底，用白糖盖上，扎紧。第二天再取些蔷薇花，放罐底盖上糖，与前面的方法一样。罐内的糖、花应经常翻动搅拌，直到花略微烂了，把罐子坐在微火上煮一会儿，加入糖饴搅拌均匀，扎紧备用。

桂花糖法

用白糖十斤，先煮至滴水不散。下粉浆二斤（粉浆即以麦麸做面筋，面筋成后所余之水是也），再煮至如龙眼肉样，下桂花卤（梅桂卤亦可），再煮倾起候冷。用面赶摊开，整领剪块。若要煮明糖，候煮硬些取起，上下用芝麻铺压，以面赶摊开（按，西瓜糕及此桂花糖内，均可量加饴糖）。

【译】用十斤白糖，下锅煮至滴水不散。下二斤粉浆（粉浆就是用麦麸做面筋，面筋做成后剩下的水），煮成像龙眼肉一样时，加入桂花汁（梅、桂卤也可以），再煮，出锅，晾凉。用面将它擀摊开，整片剪成块儿状。如果要做明糖，就要煮硬一些再出锅，上下铺压上芝麻，用面擀摊开即可（在做西瓜糕和这种桂花糖里，均可适量加入饴糖）。

作饽饽法

上好干白面一斤，先取起六两，和油四两（极多用至六两，便为顶高饽饽），同面和作一大块，揉得极熟。下剩面十两，配油二两（多至三两），添水下去，和作一大块揉匀。才将前后两面合作一块摊开，再合再摊，如此十数遍。再作小块子摊开，包馅下炉熨之，即为上好饽饽。

【译】一斤上好的干白面，先用六两面和四两油（面最多可以用到六两，就是顶高饽饽）一并揉成一大块，揉得非常透。剩下的十两面，配二两油（最多三两），加水揉成一大块。把前后两块面合揉成一块摊开，再合再摊，这样揉十几遍。再分小块摊开，包上馅放到炉上烤，就是最好的饽饽。

（作饽饽）又法

每面一斤，配油五六两，加糖，不下水。揉匀作一块，做成饼子。名“一片瓦”。

【译】每斤面，配五六两油，加糖，不放水。揉成一块，做成饼。叫作“一片瓦”。

（作饽饽）又法

里面用前法，半油半水相合之面。外再用单水之面，薄包一重，酥而不破。其馅料，用核桃肉去皮研碎半斤，松子、瓜子仁各二两，香圆丝、橘饼丝各二两，白糖、板油（加入饴糖，即不用板油矣）。月饼同法。

【译】饽饽里面用前面的办法，做半油半水揉合的面。外面再用只加水的面薄薄地包一层，即酥而不破。馅料用半斤去皮研碎的核桃肉，松子、瓜子仁各二两，香圆丝、橘饼丝各二两，白糖、板油（如果加入糖饴，就可不用板油了）。做月饼也是这个方法。

作满洲饽饽法

外皮，每白面一斤，配猪油四两，滚水四两搅匀，用手揉至越多越好。内面，每白面一斤，配猪油半斤（如觉干些，当再加油），揉极熟，总以不硬不软为度。才将前后二面合成一大块，揉匀摊开，打卷，切作小块，摊开包馅（即核桃肉等类），下炉熨熟。月饼同法。或用好香油和面，更妙。其应用分量轻重，与猪油同。

【译】满洲饽饽外皮做法：一斤白面，配四两猪油、四两开水搅拌均匀，用手揉，次数越多越好。里面做法：一斤白面，配半斤猪油（如果觉得面干，可以再加些油），揉到非常透，以不硬不软为标准。把前后两种面揉成一大块摊开，打上卷，切成小块，摊开包馅（就是核桃肉等馅料），下炉烤熟。做月饼也是同种方法。也可以用好香油和面，效果更好。香油使用的分量，应和猪油相同。

作米粉菜包法

用饭米舂极白，洗泡滤干，磨筛细粉。将粉置大盆中，留余一大碗。先将凉水下锅煮滚，然后将大碗之粉匀匀撒下，煮成稀糊取起，倾入大盆中，和匀成块。再放极净热锅中，拌揉极透（恐皮黑，不入锅亦可）。取起，捏做菜包。任薄不破。如做不完，用湿巾盖密，隔宿不坏（若要做薄皮，当调硬些，切不可太稀。要紧）。

【译】把饭米舂到非常白，洗泡干净后滤干，打磨并筛成细粉。把粉放在大盆里，留出一大碗。先把凉水下锅煮开，然后把大碗里的粉均匀地撒进去，煮成稀糊后倒入大盆里，把面揉和成块。再放到很干净的热锅里，拌揉到很透（如果怕皮色黑，不放锅里也行）。取出，捏成菜包。皮再薄也不会破。如果做不完，剩下的面要用湿巾盖好，隔夜也不会坏（如果要做薄皮，面就要调硬一些，千万不能太稀）。

（作米粉菜包）又法

将米粉先分作数次微炒，不可过黄，馀悉如前法。其馅料用芥菜（切碎，盐揉，挤去汁水）、萝卜（切碎）、青蒜（切碎）同肉皮、白肉丝油炒半熟包入。又，或用熟肉（切细）、香菰、冬笋、豆腐干、盐落花生仁、橘饼、冬瓜，香圆片（各切丁子）备齐。将冬笋，先用滚水烫熟，豆腐干用油炒熟，次取肉下锅炒一滚，再下香菰、冬笋、豆腐干同炒，取起拌入花生仁等料包之，或加蛋条亦好。此项，只宜下盐，切不可用豆油（以豆油能令皮黑故也）。凡做消迈及蕨粉包肉馅，悉如菜包。其蕨粉皮，亦如做米粉法。

【译】分几次把米粉略微炒一下，不能炒得太黄，剩下的一律按照前面的方法。馅料用芥菜（切碎，揉盐，挤去水分）、萝卜（切碎）、青蒜（切碎）和肉皮、白肉丝（用油炒到半熟）包进去。另外，用熟肉（切细）、香菇、冬笋、豆腐干、盐落花生仁、橘饼、冬瓜，香圆片（这些料都切成丁）备好。冬笋先用开水烫熟，豆腐干用油炒熟，把肉下锅炒一下，再放入香菇、冬笋、豆腐干一起炒，取出来拌进花生仁等料包好，加鸡蛋条也行。这个做法，只适合放盐，千万不能用豆油（因为豆油会使面皮发黑）。消迈或蕨粉皮包肉馅，也像菜包一样。蕨粉皮，也像做米粉一样。

晒番薯[1]法

拣好大条者，去皮乾净，安放层笼内蒸熟，用米筛磨细去根，晒去水气，作条子或印成糕饼晒干，装入新磁器内，不时作点心甚佳。

【译】挑选大个的白薯，去皮，放进层笼内蒸熟，去根，用米筛磨细，晒去水气，做成条子或扣印成糕饼，再晒干，装进新瓷器里，偶尔当点心吃非常好。

煮香菰法

将菰用水洗湿至透，捻[2]微干。热锅下猪油，加姜丝，炙至姜赤，将菰放下，连炒数下，将原泡之水从锅边高处周围循循倾下，立下立滚，随即取起，候配烹调各菜甚脆香。凡所和之物，当候煮熟，随下随起，切不可久煮，以失菰性。

【译】把香菇用水洗到透湿，捻到略微干。热锅下猪油，加姜丝，烧到姜丝发红，把香菇放进锅，连炒几下，把泡香菇的水从锅边高处转圈缓缓倒入，马上倒马上开，取出，等着和别的菜一起炒，既脆又香。和香菇配炒的东西，

① 番薯：别名白薯、地瓜、红薯等。

② 捻（niǎn）：用手指搓转。

要等香菇煮熟后，随入随出，千万不能煮时间长，会失去香菇的味道。

东洋酱瓜法

先用好面十斤炒过，大豆粉二升（或秤重二斤亦可），二共冷水作饼，蒸熟候冷（饼约二指厚、两掌大），于不透风暖处罨[①]之。下用芦席铺匀，饼上用叶厚盖，罨至黄衣上为度。去叶翻转，黄透晒干，漂露愈久愈妙。瓜每斤配食盐四两（此独用盐多者，以盐卤下酱之故），腌四五天，将瓜捞起，晒微干。瓜卤候澄清，去底下浑脚后，即将清卤搅前面豆饼作酱（饼须捣极细，或磨过更妙），酱与瓜对配，装入磁罐内，不用晒日，候一月可开。

【译】十斤好面炒好，加入二升大豆粉（二斤也行），一起用冷水做成饼，蒸熟以后晾凉（饼大概两个手指厚、两个巴掌大），放在不透风的温暖地方让它变黄。饼的下面用芦席铺好，上面盖上厚厚的叶子，不透空气，使饼表面变黄就可以了。拿掉叶子翻转，让它黄透并晒干，时间越长越好。每斤黄瓜配四两食盐（此处用盐较多，是因为盐卤要下到酱里的缘故），腌四五天后，将黄瓜捞出，晒至微干。腌黄瓜的卤汁澄清后，去掉渣，搅入前面的豆饼做酱（饼要捣得非常细，研磨过更好），酱和黄瓜一比一配好，装入瓷罐内，不用在太阳下晒，过一个月后就可以打开食用了。

---

① 罨（yǎn）之：不通空气，让其变黄。

干酱瓜法

二三月天，先将小麦洗磨略碎，不过筛（若要做细酱面，以磨细筛过为是），和滚水做成砖条块子，盖于暖处，令其发霉务透，晒干，收贮。候瓜熟，买来剖作两瓣，铜钱刮去瓤，用滚透熟冷水[①]洗净，布拭干。再用石灰一斤，亦用滚透熟冷水泡，澄去浑底，将瓜泡下，只过夜。次早洗净取起，用布拭干，用大口高盆子，将黄瓜研细面筛过，先装盆底一重，次装瓜一重，又装盐一重，重重装入。上面仍用酱面盖之，不用水。用麻布盖晒，于初伏[②]日起，日晒夜收，一月可吃。

凡晒酱，切不可着一点生水，以致易坏生白。每料瓜四十九斤，酱面四十五斤，盐九斤，石灰一斤（酱面、盐、灰俱研细候用）。

【译】在二三月的天气里，将小麦洗净磨碎，不用过筛（要是做细酱面，还需磨细筛过），兑入开水做成砖条块儿状，盖在暖和的地方，发酵，一定要发透，晒干后收起。待到黄瓜熟了，买来剖成两半，用铜钱刮去瓜瓤，用凉白开洗干净，用布擦干。取一斤石灰，也用凉白开泡上，滤掉浑渣，把黄瓜泡进去，过一夜。第二天早晨取出洗干净，用布擦干。取大口儿、高的盆，把酱黄先用箩筛筛过，在盆底先

---

① 滚透熟冷水：凉白开。

② 初伏：暑天伏日的第一伏，也称头伏。

铺一层，再铺一层瓜，再撒一层盐，这样一层层装进去。上面仍旧用酱黄盖好，不要用水。罩上麻布放到太阳下晒，从初伏起，白天晒晚上收，过一个月就可以食用了。

晒酱千万不能进生水，否则会让酱坏掉也易长白毛。比例是：四十九斤黄瓜、四十五斤酱面、九斤盐、一斤石灰（酱面、盐、灰都要磨细备用）。

腌红甜姜法

拣大块嫩生姜，擦去粗皮，切成一分多厚片子，置磁盆内。用研细白盐少许（或将盐打卤，澄去泥沙净，下锅再煎成盐，用之更妙），稍腌一二时辰，即逼出盐水。约每斤加白醃梅干十余个，拌入姜片内，隔一宿，俟梅干涨，姜片软，捞起去酸咸水，仍入磁盆。每斤可加白糖五六两。染铺所用好红花汁半酒杯拌匀，晒一日，至次日尝之，若有咸酸水仍逼去，再加白糖、红花一二次，总以味甜色清红为度。仍置日色处晒二三日，即可入瓶（晒时，务将磁盆口用纱蒙扎，以防蚂蚁、苍蝇投入）。

【译】选大块的嫩生姜，擦掉粗皮，切成一分多厚的片状，放瓷盆里。加少许研细的白盐（或者把盐打成卤汁，澄净，下锅炒成盐再使用效果更好），稍微腌一两个时辰，逼出盐水。每斤嫩生姜加十余个白腌梅干，拌进姜片里，放一夜，等梅干涨发，姜片软了，捞起，倒掉酸咸水，仍旧放入瓷盆里。每斤嫩生姜加五六两白糖，用半酒杯上好的红花汁

（染铺用的那种）拌匀，晒一天，等到第二天尝尝，如果有咸酸水，就把它再逼出去，再加白糖、红花汁一两次，达到味甜、颜色清红就可以了。仍旧放在太阳下晒两三天，就可以放入瓶里（晒的时候，一定要用纱布把瓷盆口扎好，防止蚂蚁、苍蝇进去）。

醃瓜诸法

凡要下酱之瓜，总以加三盐为准，但醃法不一。有将瓜剖开配盐，瓜背向下，瓜腹向上，层层排入盆内，即压下不动，至三四天或五六天捞起，于卤水中洗净，晾干水气入酱者；有剖开，去瓤，晾微干，用灰搔擦内外，丢地隔宿，用布拭去灰，令净勿洗水入酱者；有剖开撒盐，用手逐块搔擦至软，装入盆内，二三天捞起入酱者。诸法不一。大约用后二法，其瓜更为青脆。

【译】凡是酱腌黄瓜，都是以加三倍的盐为标准，但腌法各不一样。有的是把瓜剖开配盐，瓜背向下，瓜腹向上，一层层放进盆里，到压不动为止，放置三四天或五六天捞出来，用卤水洗干净，晾干水气酱的；也有的是剖开黄瓜，去瓜瓤，晾至微干，用石灰里外擦好，放在地上过一夜，再用布擦净，不用水洗酱的；还有的剖开黄瓜，撒盐，用手逐一擦软，装进盆里，过两三天捞出加酱的。用后面的两种方法酱腌，瓜会更清脆。

腌青梅法

青梅买来，即用石灰加水潮湿，手搓翻一遍。隔宿，将水添满，泡一天尝看，酸涩之味去有七八为度。如未，当再换薄灰水再泡，洗净捞起，铺开晾风，略干就好（不可太干以致皱缩）。每梅十斤，配盐七八两，先拌腌一宿，然后用冰糖清灌下令满，隔三四天倾出，煎滚加些白糖，候冷，仍灌下，隔十天八天，再倾再煎，才可装贮罐内，庶可久存不坏。如日久或雨后发霉，即当再煎为要。

甜姜法同。

【译】青梅买来后用石灰加水沾湿，用手翻搓一遍。过一夜后，把水添满，泡一天尝尝看，酸涩之味去掉了七八成就可以了。如果没去掉，换薄灰水再泡，洗净，捞出来，在通风的地方铺开晾到略微干（不能太干，青梅会皱缩）。每十斤梅，配七八两盐，先拌好腌一夜，然后用冰糖和清水灌满，隔三四天倒出来，烧开后加些白糖，晾凉了，再灌进去，隔十天八天，再倒出再烧开，才能装到罐里保存，可以长期保存不坏。如果放置时间长了或是下雨后导致发霉，一定要及时再烧开。

制甜姜和这个办法一样。

腌咸梅（杏）法

当梅（杏）成熟之时，择其黄大有肉者，每斤配盐四两，先下点水，将盐梅（杏同）一齐下盆内，用手顺顺翻搅，令盐化尽为度。每日不时搅之，切勿伤破其皮。上面用物轻轻压之。三天后装储瓮内，有病时吃之甚美。若欲晒干，每斤只加盐二两五钱，醃压六七天取起晒之，晚用物压之使扁。

【译】梅（杏）成熟的时候，挑选颜色黄、个儿大而且肉多的。每斤梅配四两盐，先放点水，把盐、梅（杏同样）一并放入盆里，用手顺时针方向翻动搅拌，让盐化完。每天经常要搅一搅，千万不要将梅皮搅破。上面用东西轻轻压住。三天后装到瓮里，生病的时候食用非常好。如果想将梅晒干，每斤梅只加二两五钱盐，腌制（上面要用东西轻轻压住）六七天后取出晾晒，晚上用东西将梅压扁。

醃蒜头法

新出蒜头（乘未甚干实者更妙）去杆及根，用清水泡两三天。尝看辛辣之味去有七八就好。如未，即再换清水再泡，洗净，捞起，用盐水加醋醃之。若要吃咸的，每斤蒜用二两盐、三两醋，先醃二三日，才添水至满，封贮可久存不坏。倘未吃半咸半甜，当灰水中捞起时，先用薄盐醃一两天，然后用糖醋煎滚，候冷灌之，若太淡，加盐。不甜，加糖可也。

【译】新蒜（趁不太干的时候最好）去掉梗和根，用清水泡两三天。尝尝看，辛辣的味道去了七八成就可以了。如果没有去掉，就换清水再泡，洗净，捞出，用盐水加醋腌制。要吃偏咸口味，每斤蒜要加二两盐、三两醋，先腌两三天，再把清水添满，封好以后可以久存不坏。要吃半咸半甜的，捞出来的时候，先用薄盐腌一两天，然后把糖、醋烧开，晾凉后灌入即可。如果太淡了，就多加些盐。如果感觉不够甜，就多加些糖。

腌萝卜干法

七八月时候，拔嫩水萝卜，拣五个指头大的就好（不要太大，亦不可太老）。以七八月正是时候。去梗叶根，整个洗净，晒五六分干，收起秤重。每斤配盐一两，拌揉至水出卜软，装入坛内盖密。次早取起，向日色处半晒半风，去水气。日过卜冷，再极力揉至水出卜软色赤，又装下坛内盖密。次早，仍取出风晒去水气，收来再极力揉至潮湿软红，用小口罐分装，务令结实。用稻草打直塞口极紧，勿令透气漏风。将罐覆放阴凉地面（不可晒日）。一月后香脆可吃。先开吃一罐，然后再开别罐，庶不致坏。若要作小叶菜碟用，先将萝卜洗净，切作小指头大条（约二分厚、一寸二三分长）就好，晒至五六分干。以下作法，与整萝卜同。

【译】在七八月份的时候，选类五个指头大小的嫩水萝卜（个儿头不要太大，也不能太老）。把萝卜去掉梗、叶、根，整个儿洗净，晒到五六分干，收好称重。每斤萝卜配一两盐，用盐拌匀，将萝卜揉至水分出来且变软后，装入坛里盖严。第二天早晨取出，拿到太阳下半晒半风干，去掉水汽。太阳落山了，萝卜变冷了，收起再用力揉到水分出来，使萝卜变软变红，再装到坛里面盖严。第二天早晨，仍旧取出半晒半风干，日落之时收起来，再使劲揉至潮湿软红，再用小口罐子分装，一定要装瓷实。用稻草把罐口塞紧，不能透气漏风。把罐子倒着放在阴凉的地方（不能在太阳下晒）。一个月后萝卜香脆可口。先打开一罐吃，吃完后再开别的罐，这样不会坏。如果要做小叶菜碟用，就先把萝卜洗净，切成小指头大小的萝卜条（约两分厚、一寸二三分长），晒到五六成干。以下做法，和整个萝卜的做法一样。

腌落花生[1]法

将落花生连壳下锅，用水煮熟，下盐再煮一二滚，连汁装入缸盆内，三四天可吃。

【译】把花生连壳下锅，用水煮熟，下盐再煮一两开，连汤汁一并装入缸盆里，过三四天就可以食用了。

（腌落花生）又法

用水煮熟，捞干弃水，腌入盐、菜卤[2]内，亦三四天可吃。

【译】花生用水煮熟，捞干倒掉水，放入盐、菜卤内腌制，也是过三四天就可以食用了。

---

① 落花生：即花生。双子叶植物，叶脉为网状脉，种子有花生果皮包被。历史上曾叫长生果、地豆、落花参、落地松、成寿果、番豆、无花果、地果、唐人豆。花生有滋养补益功效，有助于延年益寿，所以民间又称“长生果”，并且和黄豆一样被誉为“植物肉”“素中之荤”。

② 菜卤：是在腌制雪里蕻或芥菜后留下的一种卤汁。这种卤汁呈黄绿色，咸中带鲜，还透着一股淡淡的清香味。

（腌落花生）又法

将落花生同菜卤一齐下锅，煮熟，连卤装入缸盆，登时[①]可吃。若要出门[②]，捞干包带作路菜[③]不坏。

按：后法虽然便，但豆皮不能挤去。若用前法，豆皮一挤就去，雪白好象。

【译】花生和菜卤一起下锅，将花生煮熟，连同卤汁一并装进缸盆，马上就可以食用。如果要离家外出，可捞出控干水分、包好，带在身上当作路上吃的菜，不会变质。

按：后面的做法虽然简便，但花生的豆皮不能挤掉。如果用前面的方法，豆皮一挤就掉，颜色雪白。

腌芥菜法

整丛芥菜，取来将菜头老处先行砍起另煮外，其菜身剖作两半，若大丛的，当剖作四半，晒至干软（凉得两天）收脚盆内。每菜十斤，当配盐三斤（若要淡些，加二斤半亦可）。将盐先拨一半，撒在菜内，以手揉至盐尽菜软，收入大桶内，上用大石压之。过三天，先将净脚盆安放平稳地方，盆上横以木板，用米篮[④]架上，将菜捞入篮内，上面仍

---

① 登时：立刻；马上。

② 出门：指离家外出或远行。

③ 路菜：指供旅途中食用的菜肴。在旅途中人们把在路上吃的菜称为路菜。

④ 米篮：是一种能方便有效地分离大米中砂石的生活用具。它是一个底大口小的圆锥体制品，滤米篮底和滤米壁的夹角呈锐角，滤米壁有可供大米滚出的小孔，滤米篮底仅供水流出。

用大石压至汁出尽。一面将汁煮滚，候冷澄清；一面将菜缠作把子。将原留之盐，重重配装瓮内。上面用十字竹板结之，以结实为要，才将清汁灌下，以淹密为度。瓮口用泥封固（瓮只可小的，不必太大）。吃完一瓮，再开别瓮，久久不坏。

【译】整丛的芥菜，把老的地方砍下来另外煮，菜身剖成两半，如果是大丛的，可以一剖四半，晒到发干变软（晾两天）后收到脚盆里。每十斤芥菜配三斤盐（如果要淡些，加二斤半也可以）。盐先拨一半，撒在芥菜上，用手揉至盐没了、芥菜软了，放进大桶里，上面用大石头压住。三天后，把干净的脚盆放在平稳的地方，木板横搭在盆上，用米篮架在上面，把芥菜捞入篮内，上面仍用大石头压住等到汁水沥尽。一边把沥出的汁煮开，放在盆内让其冷却澄清；一边把腌软的芥菜缠成一小把一小把的，整齐地放入腌菜的瓮内。把剩下的盐，一层层装进瓮内。上面用十字竹板结扎好，以结实为原则，再把清汁灌进去，水面漫过芥菜即可。瓮口用泥封好（瓮只能用小的，没必要很大）。吃完一瓮，再打开别的瓮，这样久存不坏。

作霉干菜法

将芥菜砍晒二日足，每十斤配盐一斤，拌揉出汁，装入盆内，用重石压之六七天。要捞起时，用原卤[1]摆沉洗去

① 原卤：制盐的卤水，指未经化学或物理方法处理过的卤水。

沙，晒极干，蒸之（务令极透）。晾冷，极力揉软，再晒、再蒸、再揉四五次为度。缠作把子，收装坛内，塞紧候用。或要蒸时，每次用老酒湿之，更为加料无比矣。

【译】芥菜砍下晾晒两天即可，每十斤配一斤盐，揉出水分，装入盆里，用重石头压六七天。芥菜捞出前，要用原卤洗掉沙土，之后将芥菜晒得很干，再蒸制（一定要把芥菜蒸透）。晾至冷却，使劲将芥菜揉软，再晒、再蒸、再揉四五次。缠成一小把一小把的，整齐地装入坛中，塞紧坛口备用。蒸的时候，每次都用老酒打湿，效果会更好。

作辣菜法

取芥菜之旁芽、内叶并心尾二三节，晒两日半。其心节当剖开晒，晒好切节，以寸为度。用清水比菜略多些，将水下锅，煮至锅边响时下菜，用勺翻两三遍，急取起，压去水气，用姜丝、淡盐花作速合拌，收入磁罐内，装塞极紧，勿令稀松。其罐嘴用芥叶滚水微烫过，二三重封固。将嘴倒覆灶上二三时久，移覆地下，一周日开用。好吃。咸的，用盐、醋、猪油或麻油拌吃，好吃。甜的，用糖、醋、油拌吃。

【译】取两三节芥菜的旁芽、内叶和心尾，晾晒两天半。心节剖开晒，晒好切成寸段。用比菜稍微多些的清水下锅，烧到锅边有响声的时候放入芥菜，用勺翻两三遍，马上取出，压出水分，用姜丝、淡盐花快速拌匀，装进瓷罐里，塞满塞实。把芥菜叶用开水烫一下，在罐嘴封两三层。将罐嘴倒过来扣在灶上两三个时辰后，再移到地上扣着，过一天打开。很好吃！如果想吃咸的，就用盐、醋、猪油或麻油拌食，好吃！如果想吃甜的，用糖、醋、油拌着吃。

甜辣菜法

用白菜帮带心、叶一并切寸许长，下饭篱[①]，俟水将滚有声时候落去一抄[②]，取起，晾干。用好米醋和白糖加细姜丝、花椒、芥末、麻油少许调匀，倾入菜内，拌匀装入坛。三四天可吃，甚美。

【译】带心、叶的白菜帮切成一寸长，放进笊篱，在水快开且有声响的时候将白菜帮放进去焯水，取出，晾干。用好米醋和白糖加少许细姜丝、花椒、芥末、麻油调拌均匀，倒进白菜帮里，拌匀装坛。过三四天就可以吃了，很好吃。

经年芥辣法

芥菜取心，不着水，挂晒至六七分干，切作短条子。每十斤约用盐半斤，好米醋三斤。先将盐、醋煮滚候冷，乃下生芥心拌匀，用磁瓶分装好，泥封固一年可吃。临吃时，加油、酱等料。

【译】用芥菜心，不要沾水，挂晒到六七成干，切成短条儿状。每十斤约用半斤盐、三斤好的米醋。先把盐、醋煮开，冷却，加入生芥心拌匀，用瓷瓶分装好，用泥封口，过

---

① 篱：笊篱。竹器。

② 抄：同“焯”，即焯水。

一年就可以食用了。吃的时候，加油、酱等调料。

作香干菜法

（一名窨[①]菜）

用生芥心并叶梗皆可，切短条子约寸许长（若嫩心，即整枝用更妙，老的切不可下去），如冬瓜片子样。日晒极干，淡盐少许，揉得极软，装小入口罐内，用稻草打直塞紧，将罐倒覆地下。不必晒日，一月可吃。或干吃，或拌老酒，或酸醋，皆美（按：盐太淡即发霉易烂。每斤菜当加盐一两，少亦得七八钱）。

【译】用生芥菜的心和叶梗都可以，切一寸长的短条（如果是嫩心，整枝用更好，老的千万不能用），像冬瓜片一样。放在太阳下晒干，加少许淡盐，将生芥菜揉得非常软，装小口罐里，用稻草塞紧，把罐子倒扣在地下。不必在太阳下晒，过一个月就可以食用了。或者干吃，或者用老酒拌着吃，或者用酸醋拌着吃，都好吃（按：如果盐太少，生芥菜容易发霉变烂。每斤生芥菜应当加一两盐，至少也得七八钱）。

作瓮菜法

每菜十斤，配炒盐四十两。将菜、盐层层隔铺，揉匀入缸腌，压三日取起就好。入盆内手揉一遍，换过一缸，盐卤留用。过三日又将菜取起，再揉一遍，又换一缸，留卤候用。如是九遍，乃装瓮内。每层菜上，各撒花椒、小茴香，

① 窨（yìn）：意为窨藏在地下室。

如此结实装好。将留存菜卤，每坛入三碗，泥封。过年可吃，甚美（按：留存菜卤，若先下锅煮数滚，取起候冷，澄清去浑底，然后加入更妙）。

【译】每十斤菜，配四十两炒盐。菜和盐层层隔着铺好，将盐揉匀放在缸里腌制，压上三天取出。放到盆里用手揉一遍，换过一缸，盐卤留下备用。过三天再把菜取出，再揉一遍，又换一缸，留卤备用。这样反复九遍，再装到瓮里。每层菜上，撒花椒、小茴香，装瓷实。把留的菜卤，每坛里加三碗，用泥封好。过年的时候就可以食用了，非常好吃（按：留的菜卤，如果先下锅煮几开，放冷却，澄清，然后再加入坛里更好）。

作香小菜法

用生芥心或叶并梗皆可，先切碎约一寸长，日晒极干，加盐少许，揉得极软，装入罐内。以好老酒罐下作汁，封口付日中晒之。如干，再加酒。

【译】选生芥心或叶、梗都可以，先切一寸长，在太阳下晒至干透，加少许盐，揉软，装入罐中。用好的老酒罐进去做汤，封好罐口放在太阳下晒。如果汤汁干了，就再加些酒。

作五香菜法

每十斤菜，配研细净盐六两四钱。先将菜逐叶披开，杆头厚处撕碎或先切作寸许，分晒至六七分干，下盐，揉至发香极软，加花椒、小茴、陈皮丝拌匀，装入坛内，用草塞口极紧，勿令泄气为妙。覆藏勿仰，一月可吃。

【译】每十斤菜，配六两四钱研细的净盐。先把菜逐叶分开，将菜根部厚的地方撕碎或先切成一寸左右，晒到六七成干，加盐，将菜揉搓至发香、变软，加花椒、小茴香、陈皮丝拌匀，装入坛中，用草塞紧坛口，最好不要漏气。扣置存放，不能仰过来，一个月后就可以食用了。

搅芥末法

用将滚之水调匀得宜，盖密，置灶上，略得温气，半日后或隔宿开用。

【译】用即将烧开的水调匀芥末最为合适，盖严，放在灶上，稍微得到些热气，半天或隔一夜后打开即可使用。

煮菜配物法

芥菜心将老皮去尽，切片。用煮肉之汤煎滚，放下煮一二滚捞起，置冷水中泡冷取起。候配物同煮至熟，其青翠之色仍旧也，不变黄亦不过烂，甚为好看。

【译】芥菜心去净老皮，切成片状。把煮肉的汤烧开，放进芥菜煮一两开后捞出，放冷水里过凉，取出。再同搭配的东西一并煮熟，芥菜的颜色依旧青翠，不变黄也不会烂，非常好看。

作酸白菜法

用整白菜下滚汤，烫透就好（不可至熟），取起，先时收贮。煮面汤留存至酸，然后可[1]烫菜装入坛内，用面汤灌之，淹密为度，十多天可吃。要吃时，横切一箍[2]（若无面汤，以饭汤作酸亦可）。

【译】把整颗白菜放进开水里烫透（不要烫得太熟），取出，暂时收好。煮面的汤留到发酸，然后将烫好的菜装进坛子里，用面汤灌进去淹没过菜，过十多天就可以食用了。吃的时候，箍紧白菜后横切一刀（如果没有面汤，用放酸了的饭汤也可以）。

（作酸白菜）又法

将白菜披开切短断，入滚水中只一烫取起（要取得快才好），即刻入坛，用烫菜之水灌下，随手将坛口封固，勿令泄气。次日即可开吃（菜既酸脆，汁亦不浑）。

【译】白菜劈开切短，放开水里略烫一下取出（越快越好），马上装坛，用烫菜的水灌进去，随手把坛口封好，不要漏气。第二天就可以打开食用了（菜既酸又脆，而且汤汁也不浑浊）。

酱芹菜法

芹菜拣嫩而长大者，去叶去杆，将大头剖开作三四瓣，晒微干杆软，每瓣取来缠作二寸长把子，即醃入吃完酱瓜之

---

① 可：疑为“将”字的误刻。

② 箍（gū）：同“箍”。意为紧束后再切。

旧酱内。俟二十日可吃。要吃时，取出用手将酱攄[①]净，切寸许长，青翠香美。不可下水洗。若无旧酱即将缠把芹菜，每斤配盐一两二钱，逐层腌入盘内，二三天取出，用原卤洗净，晒微干。将腌菜之卤澄清去浑脚，倾入酱瓜黄内（酱黄，即东洋酱瓜所用，已见前），泡搅作酱，酱与芹菜对配，如酱瓜法。层层装入坛内封固，不用晒日，二十天可吃矣。

【译】选嫩而长的芹菜，去叶去根，把大头剖成三四瓣，晒至微干且菜秆变软，每瓣缠成二寸长的一小把，用吃完了酱瓜的旧酱来腌制。过上二十天就可以食用了。吃的时候，用手将酱捋干净，切成一寸长的段，颜色青翠味道香美。芹菜一定不能水洗。如果没有旧酱，把缠好小把的芹菜，每斤配一两二钱盐，逐层腌进盘里，两三天后取出，再用原卤洗净，晒至微干。把腌菜的卤澄清，倒入酱瓜黄内（酱黄，就是东洋酱瓜用的，前面有写到），浸泡搅拌成酱，酱和芹菜一比一搭配，像做酱瓜的方法一样腌制芹菜。层层装入坛内，封好口，不用在太阳下晒，过二十天就可以食用了。

腌黄小菜法

用黄芽白菜整个，水洗净，挂绳上，阴半干，以叶黄为度。切断约五分长，用盐揉匀，隔宿取出，挤去菜汁，入整花椒、小茴、橘皮、黄酒拌匀（不可过咸，亦不可太湿），

① 攄（shū）：舒散，意同“捋”。

装入小罐封固，三日后可吃。若要久放，必将菜汁去尽，乃不变味。

【译】用水把整个的黄芽白菜洗净，挂在绳上，阴干，叶黄了就可以了。切成五分长，用盐揉匀，隔夜取出，挤去菜汁，加入整粒的花椒、小茴香、橘皮、黄酒拌匀（不能太咸，也不能太湿），装小罐里封好，三天后就可以食用了。如果长期存放，必须把菜汁控干，才不会变味。

制南枣法

用大南枣十个，蒸软去皮核，配人参一钱，用布包，寄米饭中蒸烂，同捣匀，作弹子丸收贮，吃之补气。

【译】用十个大南枣，蒸软去掉皮和核，配上一钱人参，用布包好，放到米饭里蒸烂，一并均匀捣碎，做成小丸子收藏起来，南枣有补气之功效。

仙果不饥方

大南枣一斤、好柿饼十块、芝麻半斤（去皮炒）、糯米粉半斤（炒），将芝麻先研成极细末候用。枣、柿同入饭中蒸熟取出，去皮核子蒂，捣极烂，和麻、米二粉再捣匀，作弹子丸，晒干收贮。临饥时吃之。若再加人参，其妙又不可言矣。

【译】取一斤大南枣、十块好柿饼、半斤芝麻（去皮炒过）、半斤糯米粉（炒过）。先把芝麻研成细末备用。南枣、柿饼一起放到饭里蒸熟，去掉皮、核和蒂，捣得非常烂，与芝麻、糯米两种粉再捣匀，做成小丸子，晒干，收贮。在饥饿的时候食用。如果再加上人参，妙处就不能用言语来表达了。

耐饥丸

糯米一升，淘洗净洁，候干，炒黄，研极细粉。用红枣肉三升（约五六斤重），水洗，蒸熟，去皮核。入石臼内，同米粉捣烂，为大丸，晒干，滚水冲服。

【译】将一升糯米淘洗干净，晾干，炒至米色变黄，研成细粉。取三升红枣肉（约五六斤重）用水洗净，蒸熟，去掉皮、核。将红枣放到石臼里，与米粉一同捣烂，揉成大丸子，晒干，用开水冲服即可。

行路不吃饭自饱法

芝麻一升（去皮炒），糯米一升，共研为末。将红枣一升煮熟，和为丸，如弹子大，每滚水下一丸，可一日不饥。

【译】用一升芝麻（去皮炒过）、一升糯米，一并研成粉末。把一升红枣煮熟，揉和成像弹子一样大的丸（即小丸子），每次用开水口服一丸，一天都不会饿。

米经久不蛀法

用蟹兜[1]安放米内，则经久不蛀。

【译】把螃蟹壳放在米里，则米长时间存放也不会生虫。

---

① 蟹兜：即螃蟹壳。

藏橙、桔不坏法

将橙、桔藏绿豆中，经久不坏。

【译】把橙、橘放在绿豆中保存，久放不坏。

西瓜久放不坏法

用绵纱铺地，令厚，置瓜其上，可以久放（按：橙、橘等及瓜安放之处，俱不可见酒）。

【译】绵纱厚厚的铺在地上，把瓜放在上面，可以长时间存放（按：橙、橘等及瓜放的地方，都不可以沾酒）。

抱[1]鸭蛋法

用草笼或竹笼，装稻谷垄糠[2]，将蛋埋在糠内盖密，放热炕上，微微烘之就好（不可过热）。隔五六天，煎一盆滚水拌凉至不烫手（微温），将蛋取出下水，泡一杯茶久，捞起，擦干，仍旧安排糠内。过五天，仿此再烫。二十多天，自然出壳，不用打破。

仙鹤之蛋，亦用此法抱之。但当先用棉花厚包，才埋糠内。余同。

【译】在草笼或竹笼里装好稻谷砻糠，把鸭蛋埋在糠内盖严，放到热炕上，微微烘着（炕的温度不能太热）。隔五六天后，烧一盆开水，晾凉至不烫手（微温）。把鸭蛋取出放到水里，泡一杯茶的时间后，捞出来，擦干水分，仍旧

---

① 抱：孵蛋。

② 垄糠：即砻糠，指稻谷经过砻磨脱下的壳。

放到糠里。过五天后，照这样再做一次。过上二十多天，雏鸭自然出壳，不用打破。

仙鹤的蛋，也可以用这个方法孵化。但要先用厚棉花包裹后，才能埋在糠里。往下的步骤就完全一样了。